植物对生态环境的影响与评价

武云飞　段银凤　李会民　主编

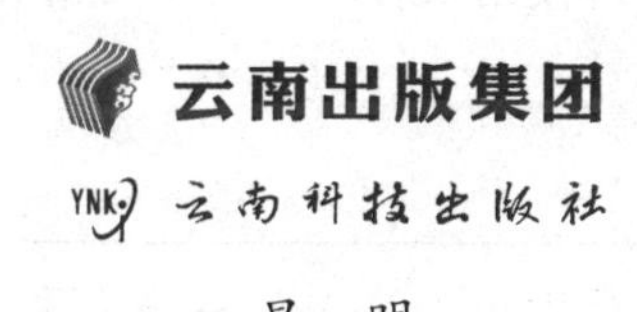

·昆　明·

图书在版编目(CIP)数据

植物对生态环境的影响与评价 / 武云飞，段银凤，李会民主编. - - 昆明：云南科技出版社，2021.6
ISBN 978 - 7 - 5587 - 3556 - 1

Ⅰ. ①植… Ⅱ. ①武… ②段… ③李… Ⅲ. ①环境生物学 - 植物学 Ⅳ. ①X173

中国版本图书馆 CIP 数据核字(2021)第 117432 号

植物对生态环境的影响与评价

ZHIWU DUI SHENGTAI HUANJING DE YINGXIANG YU PINGJIA

武云飞　段银凤　李会民　主编

责任编辑：王永洁　张　磊　杨　楠
封面设计：张　涓
责任校对：张舒园
责任印制：蒋丽芬

书　　号：ISBN 978-7-5587-3556-1
印　　刷：云南出版印刷集团有限责任公司华印分公司
开　　本：787mm×1092mm　1/16
印　　张：13.25
字　　数：310 千字
版　　次：2021 年 6 月第 1 版
印　　次：2021 年 6 月第 1 次印刷
定　　价：50.00 元

出版发行：云南出版集团　云南科技出版社
地　　址：昆明市环城西路 609 号
电　　话：0871-64190973

植物对生态环境的影响与评价

编委会

主　编　武云飞　段银凤　李会民

副主编　叶丽杰　李重民　申志云　袁福的　李雅娟
　　　　李壮丽　耿国奇　张红梅

参　编　申丽娟　马伟斌　王　冰　张　达　侯建伟
　　　　吴瑞锋　赵　艳　李宏权　吕双希　李　萍
　　　　陈高升　齐　英　安　霓　刘彦鹏　曹　虎
　　　　董　梅　王军华　王　伟　张启新　周　军
　　　　王　麟　李　琳　王晓娟

前言

PREFACE

生态环境是人类生存、生产和生活的基本条件。生态环境是指影响人类生存和发展的水资源、土地资源、生物资源以及气候资源数量与质量的总称，是关系到社会和经济持续发展的复合生态系统。生态环境问题，是人类为其自身生存和发展，在利用和改造自然的过程中，对自然环境破坏和污染所产生的危害人类生存的各种负反馈效应。

自从工业革命以来，现代科学技术和生产力的飞快发展，使人力改造和利用自然界资源的能力大大增强，给人类带来了前所未有的财富。然而，随着人类社会和全球经济的发展，人们开始肆意破坏我们赖以生存的自然环境。人类一味地追求经济的快速发展，以满足人们不断增长的物质需求，却很少考虑环境的供给能力，结果造成全球生态环境危机，自然正以前所未有的反作用报复人类。人类要敢于同大自然斗争，但不能破坏自然，不能以牺牲自然环境为代价。

党的十八大以来，以习近平同志为核心的党中央团结带领全党全国各族人民积极应对前进道路上的困难和挑战，坚决打赢蓝天保卫战。习近平总书记指出："我们既要绿水青山，也要金山银山。宁要绿水青山，不要金山银山，而且绿水青山就是金山银山。"生态是统一的自然系统，是相互依存、紧密联系的有机链条。人的命脉在田，田的命脉在水，水的命脉在山，山的命脉在土，土的命脉在林和草，这个生命共同体是人类生存发展的物质基础。

我国当前生态环境问题十分突出，水土流失、土地沙化、植被质量低、湿地破坏严重、生物多样性受到威胁。由于自然资源的过度开发和不合理利用，引起了生态环境急剧恶化和自然生态严重失衡，如物种灭绝、植被破坏、土地退化。面对日益严重的生态危机，通过采取多种生物措施，因地制宜、退耕还林、退耕还草、恢复生态林、营造生态林、加强对栽植树种的科学管理等，努力遏制生态环境恶化的趋势，在环境保护方面发挥了重要作用。

生态环境保护是功在当代、利在千秋的事业。要清醒认识保护生态环境、治理环境污染的紧迫性和艰巨性，清醒认识加强生态文明建设的重要性和必要性，以对人民群众、对子孙后代高度负责的态度和责任，真正下决心把环境污染治理好、把生态环境建设好，努力走向社会主义生态文明新时代，为人民创造良好生产生活环境。在此对作品的制作和所有者以及采用、引用文字的作者表示诚挚的敬意和谢意。

由于技术水平所限，书中错误和疏漏之处在所难免，敬请同行和广大读者批评指正。

常见抗污染能力强的树种

一、具有吸铅(Pb)能力的树种(榆树、槐树、石榴树)

榆　树

槐　树

石榴树

二、具有吸汞(Hg)能力的树种(夹竹桃、樱花)

夹竹桃

樱　花

三、具有吸收氯气(Cl_2)和酸(HCl)雾能力的树种(水杉、桃树)

水　杉

桃　树

四、具有抗二氧化硫(SO_2)能力的树种(银杏、白皮松)

银　杏

白皮松

目录

CONTENTS

第一章

环境的产生及其发展趋势

第一节　环境的产生和历程

一、生态环境的形成

生态环境(ecological environment)，即“由生态关系组成的环境”的简称，是指影响人类生存与发展的水资源、土地资源、生物资源以及气候资源数量与质量的总称，是关系到社会和经济持续发展的复合生态系统。生态环境最早组合成为一个词需要追溯到1982年五届人大第五次会议。会议在讨论中华人民共和国第四部宪法(草案)和当年的政府工作报告(讨论稿)时均使用了当时比较流行的保护生态平衡的提法。时任全国人大常委会委员、中国科学院地理研究所所长黄秉维院士在讨论过程中指出平衡是动态的，自然界总是不断打破旧的平衡，建立新的平衡，所以用保护生态平衡不妥，应以保护生态环境替代保护生态平衡。会议接受了这一提法，最后形成了宪法第二十六条:国家保护和改善生活环境和生态环境，防治污染和其他公害。政府工作报告也采用了相似的表述。由于在宪法和政府工作报告中使用了这一提法，“生态环境”一词一直沿用至今。

黄秉维院士在提出生态环境一词后查阅了大量的国外文献，发现国外学术界很少使用这一名词。全国政协前副主席钱正英院士等在2005年发表于《科技术语研究》(7卷2期)杂志的《建议逐步改正“生态环境建设”一词的提法》一文中，转述了黄秉维院士后来的看法，即“顾名思义，生态环境就是环境，污染和其他的环境问题都应该包括在内，不应该分开，所以我这个提法是错误的”。进而提出：“我觉得我国自然科学名词委员会应该考虑这个问题，它有权改变这个东西。”中国科学院地理科学与资源研究所研究员、博士生导师陈百明认为，要表达生态与环境、生态或环境，还是要加上“与”和“或”，避免产生不同的理解。而把生态环境等同于环境已不太适宜。当前应准确定义“生态环境”这一科技名词，并规定其内涵和外延。最后通过宪法名词解释或自然科学名词委员会确认。

根据对我国宪法第二十六条中关于生态环境涵义的解读，以及这些年来使用生态表征人类追求的理想状态，经常被作为褒义形容词的实际情况，中国科学院地理科学与资源研究所研究员、博士生导师陈百明认为生态环境应定义为：不包括污染和其他重大问题的、较符合人类理念的环境，或者说是适宜人类生存和发展的物质条件的综合体。

中国生态环境保护的指导思想：高举邓小平理论伟大旗帜，以实施可持续发展战略和促进经济增长方式转变为中心，以改善生态环境质量和维护国家生态环境安全为目标，紧紧围绕重点地区、重点生态环境问题，统一规划，分类指导，分区推进，加强法治，严格监管，坚决打击人为破坏生态环境行为，动员和组织全社会力量，保护和改善自然恢复能力，巩固生态建设成果，努力遏制生态环境恶化的趋势，为实现祖国秀美山川的宏伟目标打下坚实基础。

习近平总书记指出：“以人为本，其中最为重要的，就是不能在发展过程中摧残人自身生存的环境。如果人口资源环境出了严重的偏差，还有谁能够安居乐业，和谐社会又从何谈起？”要“让人民群众喝上干净的水，呼吸上清洁的空气，吃上放心的食物”，在发展与环保冲突时，他强调经济发展“不能以牺牲生态环境为代价”，“必须懂得机会成本，善于选择，学会扬弃，做到有所为，有所不为，坚定不移地落实科学发展观，建设人与自然和谐相处的资源节约型、环境友好型社会”，“生态兴则文明兴，生态衰则文明衰”。

习近平总书记形成了以绿色为导向的生态发展观，包括绿色发展观、绿色政绩观、绿色生产方式、绿色生活方式等内涵。他指出发展是经济社会的全面发展，“不仅要看经济增长指标，还要看社会发展指标，特别是人文指标、资源指标、环境指标”，要做到“生产、生活、生态良性互动”。他提出了“绿色 GDP”概念和“绿水青山就是金山银山”以及“破坏生态环境就是破坏生产力，保护生态环境就是保护生产力，改善生态环境就是发展生产力”等论断。生产力有劳动者、劳动工具、劳动对象三个要素。近代工业文明把生产力作为改造自然的能力，把劳动对象——自然，作为用之不竭、毁之无害、弃无不容的被动的仓库，没有认识到自然的生态承载力限度，导致生态危机。环境生产力论断确立了环境在生产力构成中的基础地位，突破了近代意识，丰富和发展了马克思主义生产力思想。

中国生态环境保护的基本原则：坚持生态环境保护与生态环境建设并举。在加大生态环境建设力度的同时，必须坚持保护优先、预防为主、防治结合，彻底扭转一些地区边建设边破坏的被动局面。坚持污染防治与生态环境保护并重。应充分考虑区域和流域环境污染与生态环境破坏的相互影响和作用，坚持污染防治与生态环境保护统一规划，同步实施，把城乡污染防治与生态环境保护有机结合起来，努力实现城乡环境保护一体化。

二、生态环境问题的产生

生态环境问题是指人类为其自身生存和发展，在利用和改造自然的过程中，对自然环境破坏和污染所产生的危害人类生存的各种负反馈效应，包括生态破坏和环境污染。生态破坏是指因不合理开发和利用资源而造成的对自然环境的破坏，如森林破坏、水土流失、土地沙化等。环境污染则是指人类排放的污染物对环境的危害，如 SO_2 污染、农药污染、重金属污染等。由于自然力的原因所引起的环境问题称为第一环境问题，或原生环境问题，如火山、海啸、地震、台风等引起的环境问题，这些环境问题通常被称为自然灾害。由于人类活动引起的环境问题，称为第二环境问题或次生环境问题。第二环境问题是环境生态学研究的主要对象。

人类所面临的全球性环境问题主要有：全球变暖与温室效应所引发的海平面上升、气候异常；臭氧层的损耗与破坏使地面收到紫外线辐射的强度增加，给地球上的生命系统带来很大的危害；人口的急剧增加和人类对资源的不合理开发，加之环境污染等原因，导致地球上生物多样性减少；酸雨导致渔业减产、作物减产、土壤酸化、土壤贫瘠化、对人类生存环境产生影响；森林锐减导致土地沙漠化、水土流失、洪涝灾害频发、物种灭绝和温室效应加剧等一系列问题；土地荒漠化威胁到农田、牧场的生产力，严重影响到这些区域人类的生存环境质量。

第二节　环境的基本功能和特性

环境是一个复杂的、有时空变化的动态系统和开放系统，系统内外存在着物质和能量的转化。系统外部的各种物质和能量，通过外部作用进入系统内部，这个过程称为输入;系统内部也对外部发生一定作用,通过系统内部作用,一些物质和能量排放到系统外部,这个过程称为输出。在一定的时空尺度内,若系统的输入等于输出,就出现平衡,称为环境平衡或生态平衡。

系统的内部,可以是有序的,也可以是无序的。系统的无序性,称为混乱度,也叫熵。熵越大,混乱度越大,越无秩序,如城市的人工物资系统和城市居民,都趋向于增加整个城市环境系统的熵值。反之,则称为负熵,即系统的有序性。负熵越大,即伴随物质能量进入系统后,有序性增大,如城市生物能增加系统负熵,系统的有序性增大。环境平衡就是保持系统的有序性。保持开放系统有序性的能力,称为稳定性。

系统的组成和结构越复杂,它的稳定性越大,越容易保持平衡;反之,系统越简单,稳定性越小,越不容易保持平衡。因为任何一个系统,除组成成分的特征外,各成分之间还具有相互作用的机制。这种相互作用越复杂,彼此的调节能力就越强;反之则越弱。这种调节的相互作用,称为反馈作用。最常见的反馈作用是负反馈作用,负反馈控制可以使系统保持稳定,正反馈使偏离加剧。例如,在生物的生长过程中,个体越来越大,或一个种群个体数量不断上升。这都属于正反馈,正反馈是有机体生长和生存所必需的。但正反馈不能维持稳定,要使系统维持稳定,只有通过负反馈控制,因为地球和生物圈的空间和资源都是有限的。

由于人类环境存在连续不断的、巨大和高速的物质、能量和信息的流动,表现出其对人类活动的干扰与压力,因此它具有不容忽视的特性。

(1)整体性与有限性　环境的整体性指组成环境的各部分之间存在着紧密的相互联系、相互制约关系。局部地区的环境污染或破坏,总会对其他地区造成影响和危害。人与地球环境也是一个整体,地球的任一部分或任一系统,都是人类环境的组成部分。

环境的有限性有三方面的含义,其一是指地球在宇宙中独一无二,而且其空间也有限;其二是指人类和生物赖以生存的各种环境资源在质量、数量等方面,都是有一定限度的,生物生产力通常都有一个大致的上限,因此任何环境对外来干扰都有一定忍耐极限,当外界干扰超过此极限时,环境系统就会退化甚至崩溃;其三是指环境容纳污染物质的能力有限,或对污染物质的自净能力有限。

(2)变动性和稳定性　环境的变动性是指在自然和人类活动的作用下,环境的内部结构和外在状态始终处于不断变化之中。环境的稳定性指环境系统具有一定自动调节功能的特征,即在人类活动作用下,若环境结构所发生的变化不超过一定的限度,环境可以借助于自身的调节功能使其恢复到原来的状态。

环境的变动性与稳定性是相辅相成的，变动性是绝对的，稳定性是相对的。环境的这一特性表明人类活动会影响环境的变化，因此人类必须自觉地调控自己的活动方式和强度，不要超过环境自身调节功能的范围，才能实现人类与自然环境的和谐共生。

(3)显隐性与持续性　环境的显隐性指环境的结构和功能变化后，对人类和其他生物产生的后果，有时会立即显现，如森林火灾、农药对水体的污染等。而有时环境污染与环境破坏对人类的影响，其后果的显现却有一个滞后过程，如日本汞污染引起的水俣病，经过20年时间才显现出来，又如温室效应也是人类长期向大气中排放温室气体和破坏植被造成的。环境的持续性是指环境变化所造成的后果是长期的、连续的。如农药DDT，虽然已经停止使用，但已进入生物圈和人体中的DDT需要经过几十年或更长时间才能从生物体中彻底排除出去。事实告诉人们，环境污染和破坏不但影响当代人的健康，而且还会造成世世代代的遗传隐患。

第三节　生态环境的类型

环境总是针对某一特定主体或中心而言，是一个相对的概念，离开了这个主体或中心也就无所谓环境，因此环境只具有相对的意义。在生物科学中，生物是主体，环境是指生物栖息地以及直接或间接影响生物生存和发展的各种因素。在生态环境中，人类是主体，环境则指围绕着人类的空间以及直接或间接影响人类生活和发展的各种因素的主体。

环境所包括的范围和因素，是随所指的主体而决定的，主体有大小之分，环境也有大小之别，大到整个宇宙，小到基本粒子。例如，一条鲤鱼在池塘中游泳，若以它为主体，那么环境就是这条鲤鱼的栖息地及周围的一切，包括生物的和非生物的因素，或称生物因子和非生物因子。但对地球上所有的动植物而言，整个地球表面的大气圈、水圈、岩石圈及生物圈都是它们生存和发展的环境。

环境是一个非常复杂的体系，至今尚未形成统一的分类系统。根据环境的性质划分，可将环境分成自然环境、半自然环境(被人类破坏后的自然环境)和社会环境3类。根据环境的主体划分：一种是以人为主体，其他的生命物质和非生命物质都被视为环境要素，这类环境称为人类环境，也就是环境科学中所说的环境；另一种是以生物为主体，生物体以外的所有自然条件称为环境，这类环境称为生物环境，也就是生态学中所说的环境。生物环境又可以依据环境范围的大小分成大环境、微环境和内环境。大环境是指宇宙环境、地球环境和区域环境。大环境的气象条件称为大气候，是指离地面 1.5m 以上的气候，包括温度、降水、相对湿度、日照等，由太阳辐射、大气环流、地理纬度、距海洋远近等大范围因素所决定，基本不受局部地形、植被、土壤的影响。微环境是指生物的特定栖息地，微环境中的气候称为小气候，由于受局部地形、植被和土壤类型的影响而与大气候有极大的差别。微环境直接影响到生物的生活，生物群落的镶嵌性就是微环境作用的结果。内环境指生物体内组织或细胞间的环境，对生物体的生长和繁育具有直接的影响。例如，叶片内部直接和叶肉细胞接触的气腔、气室、通气系统，都是形成内环境的场所。内环境对植物有直接的影响，且不能为外环境所代替。

第四节　生态环境的主要研究内容和方法

进入 21 世纪后，生态环境的研究内容和方法也在不断丰富，根据国内外的研究进展，环境生态学的研究内容除了涉及经典生态学的基本理论外，更加关注以下几方面的问题，并努力取得突破性成果。

一、自然生态系统保护和管理利用的理论与方法

各类生态系统在生物圈中执行着不同的功能，被破坏后所产生的生态后果也有所不同，如水土流失、土地沙漠化、盐碱化。生态环境的研究要结合各类生态系统的结构、功能、保护、管理和合理利用的途径与对策，探索不同生态系统的演变规律和调控技术，为防治人类活动对自然生态系统的干扰、有效地保护自然资源，合理利用资源提供科学依据。

二、人为干扰下生态系统内在变化机理和规律

生态环境的研究对象是受人类干扰的生态系统。人类对生态系统的干扰主要表现在对环境的污染和生态的破坏上。自然生态系统在受到人类的这些干扰后，将会产生一系列的反应和变化。研究人为干扰对生态系统的生态作用、系统对干扰的生态效应及其机制和规律是十分重要的。主要包括各种污染物在各类生态系统中的行为、变化规律和危害方式，人为干扰的方式和强度与生态效应的关系等问题。

三、生态系统退化的机理以及恢复与重建技术

在人类干扰和其他因素的影响下，大量的生态系统处于不良状态，承载着超负荷的人口和环境压力，如污染、森林的功能衰退、土地荒漠化、水土流失、水源枯竭等。脆弱、低效和衰退已成为这一类生态系统的显著特征。退化生态系统的恢复与重建是将环境生态学理论应用于生态环境建设的一个重要方面，应该重点研究人类活动与自然干扰造成各类生态系统退化的机制，探讨在遵循自然规律的基础上，通过人类的作用，根据技术上适当、经济上可行、社会能够接受的原则，恢复与重建自然生态系统的途径与技术方法，使受损或退化的生态系统重新获得有益于人类生存与发展的功能。

四、各类生态系统的功能和保护措施的研究

各类生态系统在生物圈中发挥着不同的功能，它们是人类生存的基础。当前，各类生态系统正遭受损害和破坏，出现了生态危机。对生态环境的研究围绕各类生态系统的结构、功能、保护和合理利用的途径与对策，探索不同生态系统的演变规律和调节技术，为防治人类活动对自然生态系统的干扰，有效地保护自然资源，合理利用资源提供科学依据。以森林生态系统为例，要研究各类森林生态系统在人类活动下的变化与影响、提高森林生态系统生产力的途径、森林生态系统的生态服务功能、人工林的营造和丰产技术、生态防护林的建设、森林生态系统的复原及演替理论、酸雨和其他污染物对森林的危害及防治技术、农林复合生态系统、森林在全球变化中的作用等问题。

五、生态规划手段与区域生态环境建设模式

生态规划主要是以生态学原理为理论依据，对某地区的社会、经济、技术和生态环境进行全面综合规划，调控区域社会、经济与自然生态系统及其各组分的生态关系，以便充分有效、科学地利用各种资源条件，促进生态系统的良性循环，使社会、经济持续稳定地发展。生态规划是区域生态环境建设的重要基础和实施依据。区域生态环境建设是根据生态规划，解决人类当前面临的生态环境问题，建设更适合人类生存和发展的生态环境的合理模式。

六、不同尺度上生物多样性保护与管理方法

生物多样性是维持基本生态过程和生命系统的物质基础，生物多样性的监测与管理

是环境生态学需要关注和研究的，包括种群和物种水平上的保护、群落和生态系统水平上的保护以及景观尺度上的保护。生态安全是指生物个体或生态系统不受侵害和破坏的状态。生态安全取决于人与生物之间、不同的生物之间的平衡状况。生物多样性是生态安全的重要组成部分，生物多样性的丧失，特别是基因和物种的丧失，对生态安全的破坏将是致命和无法挽回的，其潜在的经济损失是无法计算的。

七、全球性生态环境问题监测与应对策略

全球性生态环境问题严重威胁着人类的生存和发展，如臭氧层破坏、温室效应、全球变化等，产生的根本原因是人类对大自然的不合理开发和破坏。因此，要在监测全球生态系统变化的基础上，研究全球变化对生物多样性和生态系统的影响、生存环境历史演变的规律、敏感地带和生态系统对环境变化的反应、全球环境变化及其与生态系统相互作用的模拟；建立适应全球变化的生态系统发展模型；提出全球变化中自然资源合理利用和环境污染控制的对策和措施。

第五节　生态环境的发展趋势

党的十八大以来，习近平总书记明确提出“绿水青山就是金山银山”，“保护生态环境就是保护生产力，改善生态环境就是发展生产力”，将生态文明建设推向新的高度，体制改革、环境治理、生态保护的进程明显加快，取得积极成效。由中国环境保护部、联合国环境规划署共同举办的《可持续发展多重途径》和《绿水青山就是金山银山：中国生态文明战略与行动》报告会于 2016 年 5 月 26 日举办。作为“十三五”规划的一部分，中国已经承诺，到 2020 年，用水量将减少 23%，能源消耗减少 15%，单位国内生产总值二氧化碳排放量降低 18%。报告认为，到 2020 年，如果中国成功践行“生态文明”理念——建立资源节约、环境友好型社会，将生态发展与经济、社会、文化和政治发展完美融合，中国的森林覆盖率将达到 23%以上，每年地级市空气优良天数将超过 80%。

中国共产党第十八届中央委员会第五次全体会议提出了创新、协调、绿色、开放、共享的五大发展理念。其中绿色发展中的两点充分体现了国家对生态环境的重视：一是绿色经济理念。绿色经济理念是指基于可持续发展思想产生的新型经济发展理念，致力于提高人类福利和社会公平。“绿色经济发展”是“绿色发展”的物质基础，涵盖了两个方面

的内容：一方面，经济要环保。任何经济行为都必须以保护环境和生态健康为基本前提，它要求任何经济活动不仅不能以牺牲环境为代价，而且要有利于环境的保护和生态的健康。另一方面，环保要经济。即从环境保护的活动中获取经济效益，将维系生态健康作为新的经济增长点，实现"从绿掘金"。二是绿色环境发展理念。绿色环境发展理念是指通过合理利用自然资源，防止自然环境与人文环境的污染和破坏，保护自然环境和地球生物，改善人类社会环境的生存状态，保持和发展生态平衡，协调人类与自然环境的关系，以保证自然环境与人类社会的共同发展。绿色经济体现了绿色发展的理念，它是一种融合了人类的现代文明，以高新技术为支撑，使人与自然和谐相处，能够可持续发展的经济，是市场化和生态化有机结合的经济，也是一种充分体现自然资源价值和生态价值的经济。它是一种经济再生产和自然再生产有机结合的良性发展模式，是人类社会可持续发展的必然产物。绿色经济的范围很广，包括生态农业、生态工业、生态旅游、环保产业、绿色服务业等。

绿色经济与传统产业经济的区别在于：传统产业经济是以破坏生态平衡、大量消耗能源与资源、损害人体健康为特征的经济，是一种损耗式经济；绿色经济则是以维护人类生存环境、合理保护资源与能源、有益于人体健康为特征的经济，是一种平衡式经济。说到绿色经济，自然而然会衍生出一大批相关词，如绿色企业、绿色技术、绿色消费等。总之，生态环境发展趋势已经成为一种经济新趋势。

第二章 生态因子

第一节 生态因子及其相关概念

植物的环境是一个广义的概念。对于具体的植物和植物群落,我们一般使用“生境”这一概念,主要是指生物有机体生活空间的外界自然条件的总和。它不仅包括对其有影响的各种自然环境条件,而且也包括其他生物有机体的影响和作用。

植物的生境包括许多环境要素,如大气浓度一项就包括氧气的浓度、二氧化碳的浓度、惰性气体的浓度等。但并不是所有的环境要素都对植物的生活产生影响,如惰性气体的浓度基本上不影响植物的生活。我们把对植物有影响的,直接作用于植物生命过程的那些环境要素称为生态因子,又称生态因素。

生态因子(ecological factors)是指环境中对生物生长、发育、生殖、行为和分布有直接或间接影响的环境要素,如光照、温度、湿度、氧气、二氧化碳、食物和其他相关生物等。生物生存所不可缺少的各类生态因子,又统称为生物的生存条件,如二氧化碳和水是植物的生存条件,食物和氧气则是动物的生存条件。

在各种生态因子中,并非所有的因子都为植物的生长所必需。我们把植物生长所必需的因子称为生存条件,亦即植物缺少它们就不能生长。对于绿色植物来说,这些因子是氧气、二氧化碳、光、热、水和无机盐。

当环境中某种生存条件出现异常,便会抑制植物生命活动或威胁植物生存,这种现象称为环境胁迫。动物啃食、寄生、风害、火灾和土壤侵蚀等现象可以部分或全部地破坏植物生命活动的产物，被称为干扰。

自然界的生态因子不是孤立地、单独地对植物发生作用，而是对植物发生综合作用。因此，生态因子的综合构成了植物的生态环境（ecological environment）。

第二节　生态因子的分类

生态因子的数量很多，依其特征可以简单地分为非生物因子、生物因子和人为因子三大类。非生物因子主要包括气候因子（如光照、温度等）、水分因子和土壤因子等。生物因子主要指植物之间的机械作用，共生、寄生、附生，动物对植物的摄食、传粉和践踏等。人为因子包括人类的垦殖、放牧和采伐、环境污染等，是一类非常特殊的因子。在研究植物与环境的相互关系中，通常根据生态因子的性质，将其划分为下列5大类：

一、气候因子

包括光、温度、水分和空气等，这些因子对植物形态、结构、生理生长发育、生物量的积累以及地理分布都有不同的作用。

二、土壤因子

植物生长在土壤之上，因此不同的土壤理化性质、土壤肥力等都会对植物产生不同的作用。所以，不同的土壤类型都有其相应的植被类型。

三、生物因子

植物的生长发育除与无机环境有密切关系外，还与动物、微生物和植物密切相关。动物可以为植物授粉、传播种子；植物之间的相互竞争、共生、寄生等关系以及土壤微生物的活动等都会影响到植物的生长发育。

四、地形因子

地形因子是间接因子，其本身对植物没有直接的影响。但是，地形的变化（如坡向、海拔高度、盆地、丘陵以及平原等）可以引起气候因子、土壤因子等的变化，进而影响到植物的生长。

五、人为因子

人为因子是指人类对植物资源的利用、改造以及破坏过程中给植物带来的有利或有害影响。把人为因子从生物因子中分离出来是为了强调人类作用的特殊性和重要性。人类的活动对自然界和其他生物的影响已越来越大和越来越具有全球性，分布在地球各地的生物都直接或间接受到人类活动的巨大影响。

以上每种生态因子在数量、强度、频率、方式和持续时间等方面的变化，都会对植物产生不同影响。这种影响或作用一是作为植物生命活动的原料（能源和物源），二是作为生命活动的调节物。前者如光能、矿物质营养等，后者如温度条件等。有些因子可同时起两类作用，例如 CO_2 被植物吸收作为合成有机物的原料，同时，其数量变化也影响到植物光合作用和呼吸作用的强度。

这些生态因子对植物的作用可带来三种后果：①在某地区消灭或促进某种植物的存在，改变其分布；②改变植物的繁殖能力，影响发育；③影响植物生长和代谢作用的周期性变化。

第三节　生态因子作用的一般规律

一、综合性

生活于环境中的植物，必然受到环境各因子的综合作用。植物的生长、繁殖需要能量和各种必需的环境物质（如光、水、营养物质等），需要生态因子作为生命活动的调节物（如温度、水等）。任何一个生态因子都不可能孤立地对植物发生作用。如光照、温度、水、营养物质等植物生活不可缺少和不可替代的因子，称为植物生存条件。另外，植物在其生活环境中，无论是必需的或非必需的生态因子都会对植物产生影响，如酸雨、空气污染物等。植物总是受到环境中各种生态因子的综合作用。

二、主导因子的作用

主导因子是指对生物的生存和发展起限制作用的生态因子，又称限制因子。在自然界，任何生物体总是同时受许多因子的影响，每一因子都不是孤立地对生物体起作用，而是许多因子共同起作用。生物总是生活在多种生态因子交织成的复杂网络之中。但在任何具体生态关系中，在一定情况下某个因子可能起的作用很大。这时，生物体的生存和发展主要受这一因子限制，这就是限制因子。例如，长江流域的1500mm年雨量区域是富饶的农林地带，而在同样是1500mm年雨量区域的海南岛的临高、澄迈等地，却呈现出荒芜的热带草原。这就是由于温度的变化，使两地形成了完全不同的植被类型。

三、生态因子的可调剂性和不可代替性

自然界中，当某个或某些因子在量上不能满足植物需要时，势必引起植物营养贫乏，生长发育受阻。但是，在一定条件下，某一生态因子量上的不足，可由其他生态因子加以补偿，仍可获得相似的生态效应，这就是生态因子的可调剂性。如植物进行光合作用时，如果光照不足，可以通过增加CO_2量来补充。但是，这种调剂作用不是没有限度的，它只能在一定范围内作部分补充，不能通过某一因子量的调剂而取代其他因子，体现了生态因子的不可代替性。

四、直接因子和间接因子

在分析植物的生态和影响植物分布的原因时，应区分生态各因子之间的直接关系和间接关系。就生物因子而言，如生物与生物间的寄生、共生；植物根与根之间的接触，所发生的有利和有害作用等都是直接关系。而大陆、海洋、沙漠、地势起伏和地质构造等都是间接因子，虽然它们并不直接影响植物的新陈代谢活动，但却通过影响降水量、温度、风速、日照以及土壤理化性质等间接影响到植物生长。

五、生态因子的阶段性

每一生态因子或彼此关联的若干因子的结合，对同一植物的各个不同发育阶段所起的生态作用是不同的。如低温在冬小麦春化阶段是必需条件，但在此前后均对小麦有害。

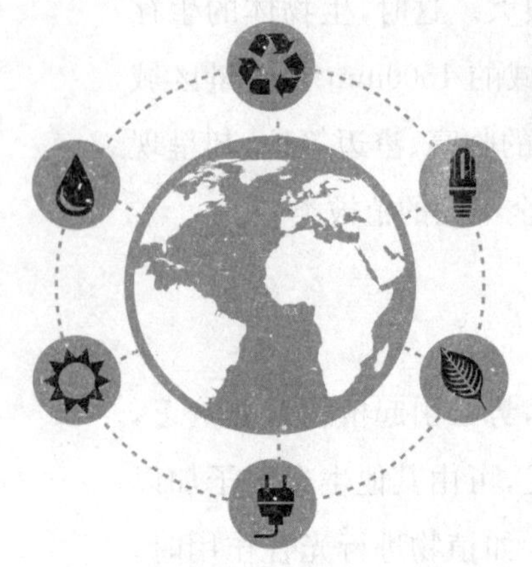

第三章 环境污染问题及防治措施

第一节 水体污染

水是生命之源，是人类赖以生存和发展不可缺少的最重要的物质资源之一。我国人均水资源占有量低于世界平均水平，而且水体污染的情况较为严重。水体污染主要是指人类活动排放的污染物进入水体，引起水质下降，利用价值降低或丧失，并对生物和人体造成损害的现象。严格来说，造成水体污染的原因主要有两类：一类是人为因素造成的，主要是工业废水、生活污水、农田排水以及堆积在大地上的垃圾经降雨淋洗流入水体的污染物等；另一类是自然因素造成的水体污染，诸如岩石的风化和水解、火山喷发、水流冲蚀地面、降雨淋洗大气中的污染物等。

一、水环境状况和主要问题

"十三五"时期，我国水环境质量状况不容乐观。2016 年，全国地表水 1940 个评价、考核、排名断面(点位)中，Ⅰ类、Ⅱ类、Ⅲ类、Ⅳ类、Ⅴ类和劣Ⅴ类分别占 2.4%、37.5%、27.9%、16.8%、6.9%和 8.6%。6124 个地下水水质监测点中，水质为优良级、良好级、较好级、较差级和极差级的监测点分别占 10.1%、25.4%、4.4%、45.4%和 14.7%。地级及以上城市 897 个在用集中式生活饮用水水源监测断面(点位)中，有 811 个全年均达标，占 90.4%。

近年来,国家坚决向污染宣战,全力推进水污染防治工作,水环境质量得到明显提升。其中,“十二五”时期,我国化学需氧量减排12.9%,氨氮减排13%,超额完成减排任务,全国1940个地表水考核控断面Ⅰ类到Ⅲ类水体比例提高14.6%,达到66%;劣Ⅴ类水体比例下降6.8%,降至9.7%,大江大河干流水质明显改善。虽然取得较大成绩,但我国水环境质量改善形势依然严峻。主要存在以下几个方面问题:

(一)污染物排放量大、水生态受损重、水环境隐患多

农业源和生活源上升为主要的水污染物排放源,合计约占化学需氧量的85.7%、氨氮排放量的89.6%。工业结构性污染特征明显,造纸、农副食品加工、化学原料和化学制品制造业、纺织业等四个行业占到工业源排放量的一半以上。一些地方水生态受损严重,部分河流水资源过度开发,河流干涸、湖泊萎缩、湿地退化,生态流量难以保障,水生态系统遭到严重破坏。一些地方产业布局不合理,约80%的化工、石化企业布设在江河沿岸,带来较高的环境风险隐患,还有一些缺水地区、水污染严重地区和敏感地区仍未有效遏制高耗水、高污染行业的快速发展。

(二)农业和农村水污染防治问题突出

农业面源污染已成为我国化学需氧量最大排放源,约占排放总量的48%;氨氮排放量仅次于生活源,约占排放总量的31.7%。畜禽养殖规模化、集约化程度不高,养殖废弃物处理配套设施建设相对滞后,污染排放呈上升趋势。农村水污染防治基础设施建设滞后,缺乏污水收集和处理系统,农村环境监管能力和水平低,大多数生活污水和垃圾随意排放倾倒。

(三)饮用水水源地还存在安全隐患

饮用水水源保护区制度落实不够到位。全国329个城市中,集中式饮用水水源地水质全部达标的城市为278个,达标比例为84.5%。86个州(市)级以上城市141个水源一级保护区、52个水源二级保护区内未完成整治工作,有的饮用水水源保护区划定不规范,已划定的保护区内存在农田、住户、公用设施等可能污染饮用水水源的问题,有的水源地上游分布着高风险污染行业,环境安全隐患较大。

(四)地下水水质状况不容乐观,部分地区地下水污染较重

农村地区分散式饮用水水源保护工作基础薄弱,缺乏必要的卫生防护措施和检测设

备。地下水环境监测监管能力不足,水环境监管和预警应急能力较差,难以有效应对突发环境污染。

二、水污染的类型及来源

水体污染主要是由于各种污染源排出的污染物进入水体而造成的,常见的污染来源途径有以下几个方面:

(一)工业生产排放的废水

工业废水包括生产废水和生产污水,是指工业生产过程中产生的废水和废液,其中含有随水流失的工业生产用料、中间产物、副产品,以及生产过程中产生的污染物。工业废水中所含主要污染物的化学性质分类:含无机污染物为主的为无机废水;含有机污染物为主的为有机废水。

(二)城市生活污水

城市污水是通过下水管道收集到的所有排水,是排入下水管道系统的各种生活污水、工业废水和城市降雨径流的混合水,由城市排水管网汇集并输送到污水处理厂进行处理。

(三)农业污水

农业污水是指农作物栽培、牲畜饲养、农产品加工等过程中排出的、影响人体健康和环境质量的污水或液态物质。其来源主要有农田径流、饲养场污水、农产品加工污水。污水中含有各种病原体、悬浮物、化肥、农药、不溶解固体物和盐分等被雨水冲刷随地表径流进入水体。

(四)固体废物中有害物质溶解污水

固体废物包括城市生活垃圾、农业废弃物和工业废渣。固体废物是指人类在生产建设、日常生活和其他活动产生的,在一定时间和地点无法利用而被丢弃的污染环境的固体、半固体废弃物质。包括从废水、废气分离出来的固体颗粒中的有害物质,经水溶解而流入水体。

(五)工业粉尘废水

工业粉尘指在生产工艺过程中排放的能在空气中悬浮一定时间的固体颗粒,如钢铁企业的耐火材料粉尘、焦化企业的筛焦系统粉尘、烧结机的粉尘、石灰窑的粉尘、建材企业水泥粉尘等，经直接降落或被雨水淋洗而流入水体。

（六）天然的污染源影响水体本底含量

例如，黄河中游河段有严重的砷污染，其原因是黄河含沙量的90%来自黄土高原，而高原黄土中砷的本底很高，故造成该河段水体有严重砷污染。

三、水污染的危害

人类的一切生产生活活动造成排入水体的污染物，超过该物质在水体中的极限容量或水对该物质的自净能力，就会破坏水体的原有用途，形成对水体本身的污染、底泥污染和水生物的污染。水污染造成的危害，一般来说可分为损害人体健康、降低农作物和渔业生产的产量质量、破坏自然资源、降低经济活动效益三个方面。

（一）损害人体健康

水污染直接影响饮用水源的水质。当饮用水源受到污染时，将会导致饮水人员出现如腹水、腹泻、肠道线虫、肝炎、胃癌、肝癌等很多疾病。而与不洁的水接触可能会染上如皮肤病、沙眼、血吸虫、钩虫病等疾病。而更为严重的是，现在水污染在很大程度上已经影响到了人类性激素的分泌，从一定程度上影响到了人类的繁殖能力，甚至可能造成自然流产或是先天残疾。总之，水污染危害人体健康是多方面的，是不能被忽视的。

（二）降低农作物的产量和质量

由于污水提供的水量和肥分，很多地区的农民，有采用污水灌溉农田的习惯。但惨痛的教训表明，含有有毒有害物质的废水污水污染了农田土壤，造成作物枯萎死亡，使农民受到极大的损失。尽管不少地区也有获得作物丰收的现象，但是在作物丰收的背后，掩盖的是土壤和作物受到污染的危害。研究表明，在一些污水灌溉区生长的蔬菜或粮食作物中，可以检出痕量有机物，包括有毒有害的农药等，它们必将危及消费者的健康。

（三）降低渔业生产的产量和质量

渔业生产的产量和质量与水质紧密相关。淡水渔场由于水污染而造成鱼类大面积死亡事故，已经不是个别事例，还有很多天然水体中的鱼类和水生物正濒临灭绝或已经灭绝。海水养殖事业也受到了水污染的破坏和威胁。水污染除了造成鱼类死亡影响产量外，还会使鱼类和水生物发生变异。此外，在鱼类和水生物体内还发现了有害物质的积累，使它们的食用价值大大降低，而食用这些鱼类也会让人类健康受到威胁。特别是，有机污染物中的苯酚类、醛类、石油类和有机氯等，对人体健康有直接的、深远的危害。以有机氯为代表的合成高分子物质，大多数极难在自然环境中被分解，危害时间较长。这些物质和重金属一样，能够被水生生物等富集成百万倍，然后通过食物链进入人体，危害健康。据研究，这种危害可延续到第二代，甚至第三代。随着有机农药的广泛使用，有机氯污染已经成为世界性的问题。

（四）破坏自然资源

水污染的危害突出表现在对自然资源的破坏，尤其是水产资源受到污染之后，遭到破坏甚至毁灭性的情况极为严重。工业废水、生活污水和农田排出的水中，含有大量需氧污染物（碳水化合物、脂肪、蛋白质等）和N、P等植物所必需的矿质元素，有机物和矿质元素大量地排到池塘和湖泊中，会使池塘和湖泊出现富营养化现象。正常状态下，20℃时，水中含有溶解氧仅为9.17mL/L，由于需氧污染物消化降解，需要消耗大量的氧，使水中溶解氧含量急剧下降，造成池塘和湖泊的富营养化，甚至产生无氧层，缺氧状态会使水中的细菌特别是厌氧菌大量繁殖，并促进有机物分解释放出甲烷、硫化氢等有毒气体，使水质进一步恶化，不仅使水体变黑变臭，而且严重影响水产养殖业，造成鱼类窒息大量死亡。对水产资源造成破坏，对自然生态系统造成严重影响。发生富营养化的湖泊、海湾等流动缓慢的水体，因浮游生物种类的不同而呈现出蓝、红、褐等颜色。富营养化发生在池塘和湖泊中叫作“水华”，发生在海水中叫作“赤潮”。

（五）影响经济社会发展

水资源作为社会经济支柱的工业需要，利用水作为原料或洗涤产品和直接参加产品的加工过程，水质的恶化将直接影响产品的质量。工业冷却水的用量最大，水质恶化也会造成冷却水循环系统的堵塞、腐蚀和结垢问题，水硬度的增高还会影响锅炉的寿命和安全。这就在一定程度上影响了工业的产出，而水污染不论是对人类健康的影响，还是对农业、渔业和其他副业的影响，都是在很大程度上影响经济的发展。

四、水污染防治措施

国务院《水污染防治行动计划》明确指出，大力推进生态文明建设，以改善水环境质量为核心。改善水环境质量是水环境治理的根本之策，是人民群众的强烈期盼，是整个水环境保护工作的总抓手。防治水污染、保护水生态是改善水环境质量的具体方式，防治水污染侧重于保持和恢复水的使用价值和水体功能，保护水生态侧重于保持和修复水生态系统。

（一）明确水污染防治目标任务

根据《水污染防治行动计划》，防治水污染、保护水生态的总体目标是：到 2020 年，全国水环境质量得到阶段性改善，污染严重水体较大幅度减少，饮用水安全保障水平持续提升，地下水超采得到严格控制，地下水污染加剧趋势得到初步遏制，近岸海域环境质量稳中趋好，京津冀、长三角、珠三角等区域水生态环境状况有所好转。到 2030 年，力争全国水环境质量总体改善，水生态功能初步恢复。到 21 世纪中叶，生态环境质量全面改善，水生态系统实现良性循环。2030 年，全国七大重点流域水质优良比例总体达到 75%以上，城市建成区黑臭水体总体得到消除，城市集中式饮用水的水源水质达到或优于Ⅲ类比例为 95%左右。

（二）坚持预防为主、防治结合、综合治理的原则

预防为主是环境保护和污染防治的基本原则。水污染影响范围大、影响时间长、影响程度强、致病危害大、污染治理难、治理成本高，甚至具有不可逆性，因此水污染防治必须坚持预防为主，注重源头治理，防患于未然，才能将污染和损害降至最低程度。防治结合，就是实现预防和治理相结合，既要预先采取事先防范措施防治水污染发生，又要对已经发生的水环境污染和生态破坏，积极采取措施进行治理，消除和减少水污染。综合治理，就是通过多种途径，采取多种方式，运用法律、经济、技术和必要的行政手段，综合施策，多管齐下，从源头上、根本上预防和治理水污染，保护和改善环境。

（三）强化水污染防治措施

1. 优先保护饮用水水源

饮用水安全涉及千家万户，事关人民群众生命安全和身体健康。保护饮用水水源是保障饮用水安全的一项基础性工作。随着经济社会的发展，日益严峻的水污染形势，对饮用水水源构成越来越严重的威胁。要强力开展饮用水水源风险调查评估，筛查可能存在的污染风险因素，并采取相应的风险防范措施；单一供水水源的城市应当建立应急水

源或备用水源，或者开展区域联网供水；有条件的地区要发展规模集中供水，保障农村饮用水安全；强化饮用水供水单位责任，保证供水水质达标；加强饮用水水质检测以及加强饮用水安全应急管理等，进一步强化对饮用水水源的优先保护。

2. 严格控制工业污染、城镇水污染治理

工业“三废”是环境污染，包括水污染最主要的污染源，工业污染一直是水污染防治的重中之重。随着经济社会的发展，城镇化进程不断加快，城镇生活污染已经成为水污染的另一重要来源，加强城镇生活污染防治，也是一项刻不容缓的重要工作。在工业污染防治上，要取缔不符合国家产业政策的小型造纸、制革、印染、染料、炼焦、炼硫、炼砷、炼油、电镀、农药等严重污染水环境生产项目，专项整治造纸、焦化、氮肥、有色金属、印染、农副食品加工、原料药制造、制革、农药、电镀等十大重点行业，集中治理工业集聚区水污染，强化经济技术开发区、高新技术产业开发区、出口加工区等工业集聚区污染治理。在城镇生活污染治理上，《水污染防治行动计划》提出，要加快城镇污水处理设施建设与改造，全面加强配套管网建设，推进污泥处理处置。

3. 防治农业面源污染

随着我国经济的发展和农业生产方式的转变，农业和农村环境污染问题日益突出，农业面源污染防治受到社会普遍关注和重视。各级人民政府及其农业等有关部门和机构应当指导农业生产经营者科学种植和养殖，科学合理施用农药、化肥等农业投入品，科学处置农用薄膜、农作物秸秆等农业废弃物，防止农业面源污染。要推广低毒、低残留农药使用补助试点经验，开展农作物病虫害绿色防控和统防统治。实行测土配方施肥，推广精准施肥技术和机具。完善高标准农田建设、土地开发整理等标准规范，明确环保要求，新建高标准农田要达到相关环保要求等。

4. 积极推进生态治理工程建设

生态治理工程建设是预防、控制和减少水环境污染和生态破坏的重要措施。县级以上地方人民政府应当根据流域生态环境功能需要，组织开展江河、湖泊、湿地保护与修复，因地制宜建设人工湿地、水源涵养林、沿河沿湖植被缓冲带和隔离带等生态环境治理与保护工程，整治黑臭水体，提高流域环境资源承载能力。

（四）加强对水体及其污染源的监测管理

常态化对工业废水和生活污水进行监测，了解其水污染情况及其是否符合国家有关规定和标准，确保各类废水达标排放，不对生态环境造成影响和危害。

第二节 土壤污染

土壤是人类生存、兴国安邦的战略资源。随着工业化、城市化、农业集约化的快速发展，大量未经处理的废弃物向土壤系统转移，并在自然因素的作用下汇集、残留于土壤环境中。据估计，我国受农药、重金属等污染的土壤面积达上千万公顷，其中矿区污染土壤达 200 万 hm^2、石油污染土壤约 500 万 hm^2、固废堆放污染土壤约 5 万 hm^2，已对我国生态环境质量、食品安全和社会经济持续发展构成严重威胁。

一、土壤污染的种类

污染物质的种类主要有重金属、硝酸盐、农药及持久性有机污染物、放射性核素、病原菌或病毒及异型生物质等。按污染物性质，可分为无机污染、有机污染及生物污染等三大类型。根据环境中污染物的存在状态，可分为单一污染、复合污染及混合污染等。依污染物来源，可分为农业物资（化肥、农药、农膜等）污染型、工企三废（废水、废渣、废气）污染型及城市生活废物（污水、固废、烟和尾气等）污染型。按污染场地（所），又可分为农田、矿区、工业区、老城区及填埋区等污染退化。可见，我国土壤污染退化已表现出多源、复合、量大、面广、持久、毒害的现代环境污染特征，正从常量污染物转向微量持久性毒害污染物，尤其在经济快速发展地区。我国土壤污染退化的总体现状已从局部蔓延到区域，从城市城郊延伸到乡村，从单一污染扩展到复合污染，从有毒有害污染发展至有毒有害污染与 N、P 营养污染的交叉，形成点源与面源污染共存，生活污染、农业污染和工业污染叠加，各种新旧污染与二次污染相互复合或混合的态势。

二、土壤污染危害

（一）土壤污染导致严重的直接经济损失

土壤污染将导致农作物污染、减产，农产品出口遭遇贸易壁垒，使国家蒙受巨大的经济损失。以土壤重金属污染为例，全国每年就因重金属污染而减产粮食 1000 多万吨，另外被重金属污染的粮食每年也多达 1200 万吨，合计经济损失至少 200 亿元。对于农药和有机物污染、放射性污染、病原菌污染等其他类型的土壤污染所导致的经济损失，目前尚难以估量。

（二）土壤污染导致食物品质不断下降

我国大多数城市近郊土壤都受到了不同程度的污染，有许多地方粮食、蔬菜、水果等食物中镉、铬、砷、铅等重金属含量超标或接近临界值。例如，沈阳张士灌区用污水灌溉20多年后，污染耕地约为2500多公顷，造成了严重的镉污染，稻田含镉5～7mg/kg。

（三）土壤污染危害人体健康

土壤污染会使污染物在植(作)物体中积累，并通过食物链富集到人体和动物体中，危害人畜健康，引发癌症和其他疾病等。2009年发生的湖南浏阳镉污染事件不仅污染了厂区周边的农田和林地，还造成2人死亡，500余人尿镉超标。

（四）土壤污染导致其他环境问题

土壤受到污染后，含重金属浓度较高的污染表土容易在风力和水力的作用下分别进入到大气和水体中，由点源污染扩大到面源污染，导致大气污染、地表水污染、地下水污染和生态系统退化等一系列生态问题。

三、土壤污染的防治措施

我国土壤污染问题的防治措施包括两个方面：一是“防”，就是采取对策防止土壤污染；二是“治”，就是对已经污染的土壤进行改良、治理。

（一）预防措施

1. 科学地利用污水灌溉农田

废水种类繁多，成分复杂，有些工业废水可能是无毒的，但与其他废水混合后，即变成了有毒废水。因此，利用污水灌溉农田时，必须符合《不同灌溉水质标准》，否则必须进行处理，符合标准要求后方可用于灌溉农田。

2. 合理使用农药，积极发展高效低残留农药

科学地使用农药能够有效地消灭农作物病虫害，发挥农药的积极作用。合理使用农药包括：严格按《农药管理条例》的各项规定进行保存、运输和使用。使用农药的工作人

员必须了解农药的有关知识，要合理选择不同农药的使用范围、喷施次数、施药时间以及用量等，使之尽可能减轻农药对土壤的污染。禁止使用残留时间长的农药，如 DDT 等有机氯农药。发展高效低残留农药，如拟除虫菊酯类农药，这将有利于减轻农药对土壤的污染。

3. 积极推广生物防治病虫害

为了既能有效地防治农业病虫害又能减轻化学农药对土壤的污染，需要积极推广生物防治方法，利用益鸟、益虫和某些病原微生物来防治农林病虫害。例如，保护各种以虫为食的益鸟；利用赤眼蜂、七星瓢虫、蜘蛛等益虫来防治各种粮食、棉花、蔬菜、油料作物以及林业病虫害；利用杀螟杆菌、青虫菌等微生物来防治玉米螟、松毛虫等。利用生物方法防止农林病虫害具有经济、安全、有效和不污染的特点。

4. 提高公众的土壤保护意识

土壤保护意识是指特定主体对土壤保护的思想、观点、知识和心理，包括特定主体对土壤本质、作用、价值的看法，对土壤的评价和理解，对利用土壤的理解和衡量，对自己土壤保护权利和义务的认识，以及特定主体的观念。在开发和利用土壤的时候，应进一步加强舆论宣传工作，使广大干部群众都知道，土壤问题是关系到国泰民安的大事。让农民和基层干部充分了解当前严峻的土壤形势，唤起他们的忧患感、紧迫感和历史使命感。

（二）治理措施

1. 污染土壤的生物修复方法

土壤污染物质可以通过生物降解或植物吸收而被净化。蚯蚓是一种能提高土壤自净能力的动物，利用它还能处理城市垃圾和工业废弃物以及农药、重金属等有害物质。因此，蚯蚓被人们誉为“生态学的大力士”和“净化器”等。积极推广使用农药污染的微生物降解菌剂，以减少农药残留量。利用植物吸收去除污染：严重污染的土壤可改种某些非食用的植物如花卉、林木、纤维作物等，也可种植一些非食用的吸收重金属能力强的植物，如羊齿类铁角蕨属植物对土壤重金属有较强的吸收聚集能力，对镉的吸收率可达到10%，连续种植多年则能有效降低土壤含镉量。

2. 污染土壤治理的化学方法

对于重金属轻度污染的土壤，使用化学改良剂可使重金属转为难溶性物质，减少植物对它们的吸收。酸性土壤施用石灰，可提高土壤 pH，使镉、锌、铜、汞等形成氢氧化物沉淀,从而降低它们在土壤中的浓度,减少对植物的危害。对于硝态氮积累过多并已流入地下水体的土壤,一则大幅度减少氮肥施用量,二则配施脲酶抑制剂、硝化抑制剂等化学抑制剂,以控制硝酸盐和亚硝酸盐的大量累积。

3. 增施有机肥料

增施有机肥料可增加土壤有机质和养分含量,既能改善土壤理化性质特别是土壤胶体性质,又能增大土壤容量,提高土壤净化能力。受到重金属和农药污染的土壤,增施有机肥料可增加土壤胶体对其的吸附能力,同时土壤腐殖质可络合污染物质,显著提高土壤钝化污染物的能力,从而减弱其对植物的毒害。

4. 调控土壤氧化还原条件

调节土壤氧化还原状况在很大程度上影响重金属变价元素在土壤中的行为,能使某些重金属污染物转化为难溶态沉淀物,控制其迁移和转化,从而降低污染物危害程度。调节土壤氧化还原电位即Eh值,主要通过调节土壤水、气比例来实现。在生产实践中往往通过土壤水分管理和耕作措施来实施,如水田淹灌,Eh值降至160mV时,许多重金属都可生成难溶性的硫化物而降低其毒性。

5. 实行轮作休耕制度

实行轮作休耕制度,既有利于降低耕地利用强度,促进耕地休养生息,优化茬口布局,也有利于大幅减少化肥农药的使用,促进土壤生态环境持续改善。

6. 换土和翻土

对于轻度污染的土壤,采取深翻土或换无污染的客土的方法。对于污染严重的土壤,可采取铲除表土或换客土的方法。这些方法的优点是改良较彻底,适用于小面积改良。但对于大面积污染土壤的改良,非常费事,难以推行。

7. 实施针对性措施

对于重金属污染土壤的治理,主要通过生物修复、使用石灰、增施有机肥、灌水调节土壤Eh、换客土等措施,降低或消除污染。对于有机污染物的防治,通过增施有机肥料、使用微生物降解菌剂、调控土壤pH和Eh值等措施,加速污染物的降解,从而消除污染。总之,按照“预防为主”的环保方针,防治土壤污染的首要任务是控制和消除土壤污染源,防止新的土壤污染;对已污染的土壤,要采取一切有效措施,清除土壤中的污染物,改良土壤,防止污染物在土壤中的迁移转化。

第三节 大气污染

一、相关概念

大气污染是由于人类活动或自然过程引起某些物质进入大气中，呈现出足够的浓度，达到足够的时间，并因此危害了人体的舒适、健康和福利或环境的现象。

大气污染物由人为源或者天然源进入大气（输入），参与大气的循环过程，经过一定的滞留时间之后，又通过大气中的化学反应、生物活动和物理沉降从大气中去除（输出）。如果输出的速率小于输入的速率，就会在大气中相对集聚，造成大气中某种物质的浓度升高。当浓度升高到一定程度时，就会直接或间接地对人、生物或材料等造成急性、慢性危害，大气就被污染了。

所谓大气污染综合防治，实质上就是为了达到区域环境空气质量控制目标，对多种大气污染控制方案的技术可行性、经济合理性、区域适应性和实施可能性等进行最优化选择和评价，从而得出最优的控制技术方案和工程措施。例如，对于我国大中城市存在的颗粒物和 SO_2 等污染的控制，除了应对工业企业的集中点源进行污染物排放总量控制外，还应同时对分散的居民生活用燃料结构、燃用方式、炉具等进行控制和改革，对机动车排气污染、城市道路扬尘、建筑施工现场环境、城市绿化、城市环境卫生、城市功能区规划等方面，一并纳入城市环境规划与管理，才能取得综合防治的显著效果。

二、大气污染的原因

（一）工业污染

工业企业是空气污染的主要来源，也是空气卫生防护工作的重点之一。随着工业的迅速发展，空气污染物的种类和数量日益增多。由于工业企业的性质、规模、工艺过程、原料和产品种类等不同，其对空气污染的程度也不同。

（二）生活炉灶与采暖锅炉污染

在居住区里，随着人口的集中，大量的民用生活炉灶和采暖锅炉也需要耗用大量的煤炭，特别在冬季采暖时间，往往使受污染地区烟雾弥漫，这也是一种不容忽视的空气污染源。

(三)交通运输污染

近几十年来,由于交通运输事业的发展,城市行驶的汽车日益增多,火车、轮船、飞机等客货运输频繁,这些又给城市增加了新的空气污染源。其中具有重要意义的是汽车排出的废气。汽车污染空气的特点是排出的污染物距人们的呼吸带很近,能直接被人吸入。汽车内燃机排出的废气中主要含有一氧化碳、氮氧化物、烃类碳氢化合物、铅化合物等。

三、大气污染的危害

(一)对人体的危害

人类体验到的大气污染的危害,最初主要是对人体健康的危害,随后逐步发现了对工农业生产的各种危害以及对天气和气候产生的不良影响。人们对大气污染物造成危害的机制、分布和规模等问题的深入研究,为控制和防治大气污染提供了必要的依据。大气污染后,由于污染物质的来源、性质、浓度和持续时间的不同,污染地区的气象条件、地理环境等因素的差别,甚至人的年龄、健康状况的不同,对人均会产生不同的危害。

大气污染对人体的影响,首先是感觉上不舒服,随后生理上出现可逆性反应,再进一步就出现急性危害症状。大气污染对人的危害大致可分为急性中毒、慢性中毒、致癌三种。

1. 急性中毒

空气中的污染物浓度较低时,通常不会造成人体急性中毒,但在某些特殊条件下,如工厂在生产过程中出现特殊事故,大量有害气体泄漏外排,外界气象条件突变等,便会引起人群的急性中毒。

2. 慢性中毒

大气污染对人体健康慢性毒害作用,主要表现为污染物质在低浓度、长时间连续作用于人体后,出现的患病率升高等现象。

3. 致癌作用

这是长期影响的结果,是由于污染物长时间作用于肌体,损害体内遗传物质,引起突变，如果生殖细胞发生突变，使后代机体出现各种异常，称致畸作用；如果引起生物体细胞遗传物质和遗传信息发生突然改变作用，又称致突变作用；如果诱发成肿瘤的作用称致癌作用。这里所指的“癌”包括良性肿瘤和恶性肿瘤。环境中致癌物可分为化学性致癌物、物理性致癌物、生物性致癌物等。致癌作用过程相当复杂，一般有引发阶段、促长阶段。能诱发肿瘤的因素，统称致癌因素。由于长期接触环境中致癌因素而引起的肿瘤，会导致人的寿命下降。

（二）对工农业的危害

大气污染对工农业生产的危害十分严重，这些危害可影响经济发展，造成大量人力、物力和财力的损失。大气污染物对工业的危害主要有两种：一是大气中的酸性污染物和二氧化硫、二氧化氮等，对工业材料、设备和建筑设施的腐蚀；二是飘尘增多给精密仪器、设备的生产、安装调试和使用带来的不利影响。大气污染对工业生产的危害，从经济角度来看就是增加了生产的费用，提高了成本，缩短了产品的使用寿命。

大气污染对农业生产也造成很大危害。酸雨可以直接影响植物的正常生长，又可以通过渗入土壤及进入水体，引起土壤和水体酸化、有毒成分溶出，从而对动植物和水生生物产生毒害。严重的酸雨会使森林衰亡和鱼类绝迹。

（三）对气候的危害

大气污染物质还会影响天气和气候。颗粒物使大气能见度降低，减少到达地面的太阳光辐射量。尤其是在大工业城市中，在烟雾不散的情况下，日光比正常情况减少40%。高层大气中的氮氧化物、碳氢化合物和氟氯烃类等污染物使臭氧大量分解，引发的“臭氧洞”问题，成了全球关注的焦点。

从工厂、发电站、汽车、家庭小煤炉中排放到大气中的颗粒物，大多具有水汽凝结核或冻结核的作用。这些微粒能吸附大气中的水汽使之凝成水滴或冰晶，从而改变了该地区原有降水（雨、雪）的情况。如果微粒中央夹带着酸性污染物，那么在下风地区就可能受到酸雨的侵袭。

大气污染除对天气产生不良影响外，对全球气候的影响也逐渐引起人们关注。由大气中二氧化碳浓度升高引发的温室效应的加强，是对全球气候的最主要影响。地球气候变暖会给人类的生态环境带来许多不利影响，如河流干涸、森林减少、动物灭绝、臭氧层破坏、温室效应等。人类必须充分认识到这一点。

臭氧层破坏、温室效应和酸雨就是由大气污染衍生出的环境效应。这种由环境污染衍生的环境效应具有滞后性,往往在污染发生的当时不易被察觉或预料到,然而一旦发生就表示环境污染已经发展到相当严重的地步。当然,环境污染的最直接、最容易被人所感受的后果是使人类环境的质量下降,影响人类的生活质量、身体健康和生产活动。例如,城市的空气污染造成空气污浊,人们的发病率上升等。严重的污染事件不仅带来健康问题,也造成社会问题。随着污染的加剧和人们环境意识的提高,由于污染引起的人群纠纷和冲突逐年增加。

四、大气污染防治措施

(一)加强工业企业大气污染综合治理

全面整治“散乱污”企业及集群,实行拉网式排查和清单式、台账式、网格化管理,分类实施关停取缔、整合搬迁、整改提升等措施。坚决关停用地、工商手续不全并难以通过改造达标的企业,限期治理可以达标改造的企业,逾期依法一律关停。强化工业企业无组织排放管理,推进挥发性有机物排放综合整治,开展大气氨排放控制试点。重点区域和大气污染严重城市加大钢铁、铸造、炼焦、建材、电解铝等产能压减力度,实施大气污染物特别排放限值。加大排放高、污染重的煤电机组淘汰力度,在重点区域加快推进。具备改造条件的燃煤电厂全部完成超低排放改造,重点区域不具备改造条件的高污染燃煤电厂逐步关停。推动钢铁等行业超低排放改造。

(二)大力推进散煤治理和煤炭消费减量替代

增加清洁能源使用,拓宽清洁能源消纳渠道,落实可再生能源发电全额保障性收购政策。安全高效发展核电,推动清洁低碳能源优先上网,加快重点输电通道建设,提高重点区域接受外输电比例。因地制宜、加快实施北方地区冬季清洁取暖五年规划。鼓励余热、浅层地热能等清洁能源取暖。加强煤层气(煤矿瓦斯)综合利用,实施生物天然气工程。京津冀及周边、汾渭平原的平原地区基本完成生活和冬季取暖散煤替代;重点区域基本淘汰每小时35蒸吨以下燃煤锅炉。推广清洁高效燃煤锅炉。

(三)打好柴油货车污染治理攻坚战

以开展柴油货车超标排放专项整治为抓手,统筹开展油、路、车治理和机动车船污染防治。严厉打击生产销售不达标车辆、排放检验机构检测弄虚作假等违法行为。加快淘汰老旧车，鼓励清洁能源车辆、船舶的推广使用。建设“天地车人”一体化的机动车排放监控系统，完善机动车遥感监测网络。推进钢铁、电力、电解铝、焦化等重点工业企业和工业园区货物由公路运输转向铁路运输。显著提高重点区域大宗货物铁路水路货运比例，提高沿海港口集装箱铁路集疏港比例。重点区域提前实施机动车国六排放标准，严格实施船舶和非道路移动机械大气排放标准。鼓励淘汰老旧船舶、工程机械和农业机械。落实珠三角、长三角、环渤海水域船舶排放控制区管理政策，全国主要港口和排放控制区内港口靠港船舶率先使用岸电。尽快实现车用柴油、普通柴油和部分船舶用油标准并轨。严厉打击生产、销售和使用非标车（船）用燃料行为，彻底清除黑加油站点。

（四）强化国土绿化和扬尘管控

积极推进露天矿山综合整治，加快环境修复和绿化。开展大规模国土绿化行动，加强北方防沙带建设，实施京津风沙源治理工程、重点防护林工程，增加林草覆盖率。在城市功能疏解、更新和调整中，将腾退空间优先用于留白增绿。落实城市道路和城市范围内施工工地等扬尘管控。

（五）有效应对重污染天气

强化重点区域联防联控联治，统一预警分级标准、信息发布、应急响应，提前采取应急减排措施，实施区域应急联动，有效降低污染程度。完善应急预案，明确政府部门及企业的应急责任，科学确定重污染期间管控措施和污染源减排清单。指导公众做好重污染天气健康防护。推进预测预报预警体系建设，重点区域采暖季节，对钢铁、焦化、建材、铸造、电解铝、化工等重点行业企业实施错峰生产。重污染期间，对钢铁、焦化、有色、电力、化工等涉及大宗原材料及产品运输的重点企业实施错峰运输；强化城市建设施工工地扬尘管控措施，加强道路机扫。依法严禁秸秆露天焚烧，全面推进综合利用。

五、防治大气污染先进技术

我国大气污染防治“十三五”规划纲要要求截至 2020 年，未达标地级及以上城市 $PM_{2.5}$平均浓度应比 2015 年下降 18%，全国优良天数比 2015 年提高 3.3 个百分点。数据显示，2020 年，全国 $PM_{2.5}$的浓度较 2015 年相比下降 28.8%；全国地级及以上优良天数比 2015 年上升 5.8 个百分点，比率为 87%，两项工作完成率分别超出“十三五”的原定目标的60%、76%。目标的完成得益于污染物减排效果明显，先进的污染治理技术的研发运用成为关键。下面列举部分重点行业的治理技术。

（一）钢铁行业

烧结烟气脱硫脱硝协同处理可选方案：①采用基于中高温SCR脱硝工艺的烧结烟气超低排放技术，设备设施：四电场高效静电除尘器＋烟气加热装置＋中高温SCR脱硝装置＋烟气换热装置＋石灰石石膏法脱硫装置＋湿式静电除尘器＋选装脱白装置；②采用逆流式活性炭工艺的烧结烟气超低排放技术，设备设施：四电场高效静电除尘器＋活性炭脱硫段＋活性炭喷氨脱硝段＋袋式除尘器。

（二）焦化行业

焦化烟气脱硫脱硝协同处理可选方案：①基于活性炭工艺的焦化烟气超低排放技术，活性炭脱硫段＋活性炭喷氨脱硝段＋袋式除尘器；②基于中低温SCR工艺的焦化烟气超低排放技术，SDA半干法脱硫＋袋式除尘器＋烟气再热装置＋中低温SCR脱硝；③基于中高温SCR工艺的焦化烟气超低排放技术，烟气升温装置＋中高温SCR脱硝＋烟气换热器＋石灰石石膏脱硫装置＋湿式静电除尘器。

（三）有色行业

对铁合金矿热炉、精炼炉、中频炉、烘干窑及烧结机等主要产生颗粒污染物的生产环节，采用生物纳膜抑尘技术、电离水雾捕尘技术、局部封闭/半封闭状态下无组织云雾抑尘技术、涡轮干雾等技术手段精准除尘。

（四）水泥行业

1. 熟料煅烧

对于NO_x的减排，采用SCR脱硝方式，保证NO_x和氨的达标排放；对于SO_2的减排，如果符合超低排放限值的可以不进行处理，除此可根据企业自身运行情况选择干法脱硫、半干法脱硫、湿法脱硫等方式；对于粉尘的减排，采用高效袋式收尘器。除此，对于设置旁路放风等过程污染物排放的情况，所排烟气必须返回窑炉煅烧系统，禁止单独排放。

2. 水泥粉磨

对于采用烘干窑、立磨烘干等企业，由于需要制备独立热源，因此除了上述粉尘排放的治理外，还涉及煤粉燃烧产生的 NO_x 和 SO_2 排放问题。对于 NO_x 减排，采用低氮燃烧、烟气再循环、SNCR脱硝、SCR脱硝等手段保证 NO_x 排放满足超低排放限值，如果选择SNCR脱硝必须对 NH_3 排放进行严格把控；对于 SO_2 的减排，从原煤入场环节进行严格限值，如果不能控制的，建议采用半干法脱硫或者湿法脱硫。

（五）陶瓷行业

煤气炉采用布袋除尘＋脱 H_2S 技术；热风炉定期洒水，清理燃料喂料周围区域，避免二次扬尘，采用SNCR脱硝＋旋风收尘＋布袋除尘器＋脱硫除尘除雾装置；窑炉采用SCR脱硝＋湿法脱硫＋除尘除雾装置或在不影响产品质量的前提下采用SNCR脱硝＋湿法脱硫＋除尘除雾技术。

（六）砖瓦行业

原则上淘汰落后的轮窑和自然干燥生产工艺；砖瓦干燥、焙烧过程必须进行封闭处理，禁止烟气、粉尘外逸，减少或者避免窑顶投煤，如果仍需投煤，改用煤和石灰拌混制成清洁煤；对于干燥、焙烧过程产生的含 NO_x、SO_2 等污染物气体，对于 NO_x 减排采用SNCR、SCR脱硝，对于 SO_2 减排采用湿法脱硫，对于粉尘减排采用湿式电除尘器或管束式除尘除雾器；对于污染物排放随工况波动大的情况，采用自动控制系统对减排技术运行参数进行实时调整。

第四节 固体废物污染

一、相关概念

固体废物，是指在生产、生活和其他活动中产生的丧失原有利用价值或者虽未丧失利用价值但被抛弃或者放弃的固态、半固态和置于容器中的气态的物品、物质以及法律、行政法规规定纳入固体废物管理的物品、物质。《中华人民共和国固体废物污染环境防治法》（以下简称《固废法》），把固体废物分为工业固体废物、生活垃圾、建筑垃圾、农业固体废物以及污水处理污泥等大类。由于液态废物(排入水体的废水除外)的污染防治同样适用于《固废法》,所以有时也把此类废物归为固体废物。

工业固体废物,是指在工业生产活动中产生的固体废物。分为一般工业固体废物和工业危险废物。其中,一般工业固体废物对人体健康或环境危害性较小,如钢渣、锅炉渣、粉煤灰、煤矸石、工业粉尘等。《固废法》中矿山开采遗留的尾矿库也归类于工业固体废物当中。

生活垃圾,是指在日常生活中或者为日常生活提供服务的活动中产生的固体废物,以及法律、行政法规规定视为生活垃圾的固体废物。生活垃圾分为城市生活垃圾和农村生活垃圾。目前,国家实行生活垃圾分类制度。

建筑垃圾,是指建设单位、施工单位新建、改建、扩建和拆除各类建筑物、构筑物、管网等,以及居民装饰装修房屋过程中产生的弃土、弃料和其他固体废物。

农业固体废物,是指在农业生产活动中产生的固体废物。

危险废物,是指列入国家危险废物名录或者根据国家规定的危险废物鉴别标准和鉴别方法认定的具有危险特性的固体废物。危险特性是指对生态环境和人体健康具有有害影响的毒性、腐蚀性、反应性、易燃性或者感染性。工业固体废物、生活垃圾、建筑垃圾、农业固体废物以及污水处理污泥等各类固体废物,只要列入了国家危险废物名录或者根据国家规定的危险废物鉴别标准和鉴别方法认定具有一种或者几种危险特性,均可被认定为危险废物。

二、固体废物污染产生的原因

固体废物对环境的影响无处不在,不仅贮存需要占用大量土地,还会污染水体、大气、土壤,破坏生态环境,影响环境卫生,威胁人类健康。

(一)工业固体废物

不同种类的工业固体废物,由于成分、结构、危害特性有很大差别,对生态环境的危害和影响也各不相同。一般工业固体废物和工业危险废物在反应性、腐蚀性、毒性等方面均有很大区别,不同种类的工业固体废物应当采取不同的污染防治措施,《国家危险废物名录》是界定一般工业固废和工业危险废物的重要依据,工业固废中可能包含的污染物和有害物质排入环境中对土地资源、水资源会造成污染。

（二）危险废物

危险废物是指具有危险特性的固体废物，其危险特性体现在腐蚀性、毒性、易燃性、反应性或者感染性等方面，比一般固体废物对人体健康和环境影响更为严重，必须对其采取严格的污染环境的防治措施。从危险废物的特性看，它对人体健康和环境保护潜伏着巨大危害。随意排放、贮存的危险废物在雨水、地下水的长期渗透、扩散作用下，会污染水体和土壤，降低地区的环境功能等级。危险废物通过摄入、吸入、皮肤吸收、眼接触而引起毒害，或引起燃烧、爆炸等危险性事件；长期重复接触会导致中毒、致癌、致畸、致变等。

（三）医疗废物

医疗废物是指医疗卫生机构在医疗、预防、保健以及其他相关活动中产生的具有直接或者间接感染性、毒性以及其他危害性的废物。医疗废物属于危险废物，主要有五类：一是感染性废物；二是病理性废物；三是损伤性废物；四是药物性废物；五是化学性废物。

（四）生活垃圾

生活垃圾是指人们日常生活中或者为日常生活提供服务的活动中产生的固体废物。包括有机类：瓜果皮、剩菜剩饭；无机类：废纸、饮料罐、废金属等；有害类：如废电池、荧光灯管、过期药品等。

三、固体废物污染的危害

（一）对土壤产生的危害

固体废物长期露天堆放，其有害成分在地表径流和雨水的淋溶、渗透作用下通过土壤孔隙向四周和纵深的土壤迁移。在迁移过程中，有害成分要经受土壤的吸附和其他作用。通常，由于土壤的吸附能力和吸附容量很大，随着渗滤水的迁移，使有害成分在土壤固相中呈现不同程度的积累，导致土壤成分和结构的改变，植物又是生长在土壤中，间接又对植物产生了污染，有些土地甚至无法耕种。

例如，德国某冶金厂附近的土壤被有色冶炼废渣污染，土壤上生长的植物体内含锌量为一般植物的26～80倍，铅为80～260倍，铜为30～50倍，如果人吃了这样的植物，则会引起许多疾病。

(二)对大气产生的危害

固废中的细粒、粉末随风扬散;在废物运输及处理过程中缺少相应的防护和净化设施,释放有害气体和粉尘;堆放和填埋的废物以及渗入土壤的废物,经挥发和反应放出有害气体,都会污染大气并使大气质量下降。例如,焚烧炉运行时会排出颗粒物、酸性气体、未燃尽的废物、重金属与微量有机化合物等。石油化工厂油渣露天堆置,则会有一定数量的多环芳烃生成且挥发进入大气中。填埋在地下的有机废物分解会产生二氧化碳、甲烷(填埋场气体)等气体进入大气中,如果任其聚集会发生危险,如引发火灾,甚至发生爆炸。例如,美国旧金山南约 64.4km 处的山景市将海岸圆形剧场建在该城旧垃圾掩埋场上。在 1986 年 10 月的一次演唱会中,一名观众用打火机点烟,结果一道约 1.5m 长的火焰冲向天空,烧着了附近一位女士的头发,险些酿成火灾。这正是从掩埋场冒出的甲烷气把打火机的星星火苗转变为熊熊大火。

(三)对水体产生的危害

如果将有害废物直接倾倒入江、河、湖、海等地,或是露天堆放的废物被地表径流携带进入水体,或是飘入空中的细小颗粒,通过降雨的冲洗沉积和凝雨沉积以及重力沉降和干沉积而落入地表水系,水体都可溶解出有害成分,毒害生物,造成水体严重缺氧,富营养化,导致鱼类死亡等。

有些未经处理的垃圾填埋场,或是垃圾箱,经雨水的淋滤作用,或废物的生化降解产生的沥滤液,含有高浓度悬浮固态物和各种有机与无机成分。如果这种沥滤液进入地下水或浅蓄水层,问题就变得难以控制。其稀释与清除地下水中的沥滤液比地表水要慢许多,它可以使地下水在不久的将来变得不能饮用,而使一个地区变得不能居住。最著名的例子是美国的洛维运河,起初在该地有大量居民居住,后来居住在这一废物处理场附近的居民健康受到了影响,纷纷逃离此地,而使此地变得毫无生机。

某些先进国家将工业废物、污泥与挖掘泥沙在海洋进行处置,这对海洋环境引起各种不良影响。有些在海洋倾倒废物的地区已出现了生态体系的破坏,如固定栖息的动物群体数量减少。来自污泥中过量的碳与营养物可能会导致海洋浮游生物大量繁殖、富营养化和缺氧。微生物群落的变化,会影响以微生物群落为食的鱼类的数量减少。从污泥中释放出来的病原体、工业废物释放出的有毒物对海洋中的生物有致毒作用,这些有毒物再经生物积累可以转移到人体中，并最终影响人类健康。

倾入海洋里的塑料对海洋环境危害很大，因为它对海洋生物是最为有害的。海洋哺乳动物、鱼、海鸟以及海龟都会受到撒入海里的废弃渔网缠绕的危险。有时像幽灵似的捕杀鱼类，如果潜水员被缠住，就会有生命危险。抛弃的渔网也会危害船只，例如，缠绕推进器，造成事故。塑料袋与包装袋也能缠住海洋哺乳动物和鱼类，当动物长大后会缠得更紧，限制它们的活动、呼吸与捕食。饮料桶上的塑料圈对鸟类、小鱼会造成同样的危害。海龟、哺乳动物和鸟类也会因吞食塑料盒、塑料膜、包装袋等而窒息死亡。最新研究发现，经检验海鸟食道中，有25%含有塑料微粒。此外，塑料也是一种激素类物质，它破坏了生物的繁殖能力等。

（四）对人体产生的危害

生活在环境中的人，以大气、水、土壤为媒介，可以将环境中的有害废物直接由呼吸道、消化道或皮肤摄入人体，使人致病。一个典型例子就是美国的腊芙运河（Love Canal）污染事件。20世纪40年代，美国一家化学公司利用腊芙运河停挖废弃的河谷，来填埋生产有机氯农药、塑料等残余有害废物2×10^4吨。掩埋10余年后在该地区陆续发生了一些如井水变臭、婴儿畸形、人患怪病等现象。经化验分析研究当地空气、用作水源的地下水和土壤中都含有三氯苯、三氯乙烯、二氯苯酚等82种有毒化学物质，其中列在美国环保局优先污染清单上的就有27种，被怀疑是人类致癌物质的多达11种。许多住宅的地下室和周围庭院里渗进了有毒化学浸出液，于是迫使总统在1978年8月宣布该地区处于“卫生紧急状态”，先后两次近千户被迫搬迁，造成了极大的社会问题和经济损失。

四、固体废物污染的防治

2020年4月29日，第十三届全国人民代表大会常务委员会第十七次会议第二次修订了《中华人民共和国固体废物污染防治法》。全国多个省份也建立有相应的《固体废物污染环境防治条例》，明确规定了固体废物污染的防治措施。主要包括：

（1）固体废物污染环境防治坚持减量化、资源化和无害化的原则。

（2）建设项目的环境影响评价文件确定需要配套建设的固体废物污染环境防治设施，应当与主体工程同时设计、同时施工、同时投入使用。

（3）收集、贮存、运输、利用、处置固体废物的单位和其他生产经营者，应当加强对相关设施、设备和场所的管理和维护，保证其正常运行和使用。

(4)产生、收集、贮存、运输、利用、处置固体废物的单位和其他生产经营者,应当采取防扬散、防流失、防渗漏或者其他防止污染环境的措施,不得擅自倾倒、堆放、丢弃、遗撒固体废物。

(5)国务院生态环境主管部门应当会同国务院有关部门建立全国危险废物等固体废物污染环境防治信息平台,推进固体废物收集、转移、处置等全过程监控和信息化追溯。

(6)产生工业固体废物的单位应当建立健全工业固体废物产生、收集、贮存、运输、利用、处置全过程的污染环境防治责任制度,建立工业固体废物管理台账,如实记录产生工业固体废物的种类、数量、流向、贮存、利用、处置等信息,实现工业固体废物可追溯、可查询,并采取防治工业固体废物污染环境的措施。

(7)产生工业固体废物的单位应当向所在地生态环境主管部门提供工业固体废物的种类、数量、流向、贮存、利用、处置等有关资料,以及减少工业固体废物产生、促进综合利用的具体措施,并执行排污许可管理制度的相关规定。国家鼓励采取先进工艺对尾矿、煤矸石、废石等矿业固体废物进行综合利用。

(8)县级以上地方人民政府应当加快建立分类投放、分类收集、分类运输、分类处理的生活垃圾管理系统,实现生活垃圾分类制度有效覆盖。地方各级人民政府应当加强农村生活垃圾污染环境的防治,保护和改善农村人居环境。

(9)县级以上地方人民政府应当加强建筑垃圾污染环境的防治,建立建筑垃圾分类处理制度。

(10)县级以上地方人民政府环境卫生主管部门负责建筑垃圾污染环境防治工作,建立建筑垃圾全过程管理制度,规范建筑垃圾产生、收集、贮存、运输、利用、处置行为,推进综合利用,加强建筑垃圾处置设施、场所建设,保障处置安全,防止污染环境。

(11)县级以上人民政府农业农村主管部门负责指导农业固体废物回收利用体系建设,鼓励和引导有关单位和其他生产经营者依法收集、贮存、运输、利用、处置农业固体废物,加强监督管理,防止污染环境。

(12)产生秸秆、废弃农用薄膜、农药包装废弃物等农业固体废物的单位和其他生产经营者,应当采取回收利用和其他防止污染环境的措施。

(13)从事畜禽规模养殖应当及时收集、贮存、利用或者处置养殖过程中产生的畜禽粪污等固体废物,避免造成环境污染。

(14)城镇污水处理设施维护运营单位或者污泥处理单位应当安全处理污泥,保证处理后的污泥符合国家有关标准,对污泥的流向、用途、用量等进行跟踪、记录,并报告城镇排水主管部门、生态环境主管部门。

(15)禁止擅自倾倒、堆放、丢弃、遗撒城镇污水处理设施产生的污泥和处理后的污泥。

(16)对危险废物的容器和包装物以及收集、贮存、运输、利用、处置危险废物的设施、场所,应当按照规定设置危险废物识别标志。

(17)产生危险废物的单位,应当按照国家有关规定制定危险废物管理计划;建立危险废物管理台账,如实记录有关信息,并通过国家危险废物信息管理系统向所在地生态环境主管部门申报危险废物的种类、产生量、流向、贮存、处置等有关资料。

(18)产生危险废物的单位,应当按照国家有关规定和环境保护标准要求贮存、利用、处置危险废物,不得擅自倾倒、堆放。

(19)从事收集、贮存、利用、处置危险废物经营活动的单位,应当按照国家有关规定申请取得许可证。禁止无许可证或者未按照许可证规定从事危险废物收集、贮存、利用、处置的经营活动。禁止将危险废物提供或者委托给无许可证的单位或者其他生产经营者从事收集、贮存、利用、处置活动。

(20)医疗废物按照国家危险废物名录管理。医疗卫生机构应当依法分类收集本单位产生的医疗废物,交由医疗废物集中处置单位处置。医疗废物集中处置单位应当及时收集、运输和处置医疗废物。医疗卫生机构和医疗废物集中处置单位,应当采取有效措施,防止医疗废物流失、泄漏、渗漏、扩散。

(21)重大传染病疫情等突发事件发生时,县级以上人民政府应当统筹协调医疗废物等危险废物收集、贮存、运输、处置等工作,保障所需的车辆、场地、处置设施和防护物资。卫生健康、生态环境、环境卫生、交通运输等主管部门应当协同配合,依法履行应急处置职责等。

第四章 园林植物对生态环境的影响

植物在生活过程中始终和周围环境进行着物质和能量交换，既受环境条件制约又能改造环境。植物与环境的关系具有两方面含义：一是指植物以其自身的变异适应不断变化的环境，即环境对植物的塑造或改造作用；二是指植物群体在不同环境中的形成过程及其对环境的改造作用。研究植物与环境的相互关系的学科称为植物生态学。

第一节 园林植物与环境

园林植物与环境间的关系非常密切。不同环境里同种植物的形态、结构、生理和生化等特性不尽相同。如生长在溪流湿地上的野牛薄荷(*Mentha arvensis*)，叶肉海绵组织发达，栅栏组织不明显，茎带赤色，薄荷油含量为0.17%；将其移植到肥沃台地时，叶肉栅栏组织明显，海绵组织减缩，茎枝浓绿色，薄荷油含量为1%。在气候因子影响下，大黄(*Rheum officinale*)含有的蒽醌苷到冬天后转变为蒽酚苷，所以要在秋天收获。上述例子说明了植物和环境的密切关系。

环境(environment)是指生物有机体生活空间的外界自然条件的总和。它不仅包括对其有影响的各种自然环境条件，而且也包括其他生物有机体的影响和作用。组成环境的每个因子称为环境因子(environment factor)，如气候因子、土壤因子、地形因子、生物因子等。在环境因子中，对于某植物有直接作用的因子叫生态因子(ecological factor)，如对植物的形态结构、生长发育、生理生化特性等有影响的环境因子。

自然界的生态因子不是孤立地、单独地对植物发生作用，而是对植物发生综合作用。因此，生态因子的综合构成了植物的生态环境(ecological environment)。

按环境的范围大小可将环境分为宇宙环境(或称星际环境)、地球环境、区域环境、微环境和体内环境。

宇宙环境(space environment)是指大气层以外的宇宙空间。

地球环境(global environment)是指大气圈中的对流层、水圈、土壤圈、岩石圈和生物圈，又称为全球环境。地球环境与人类及生物的关系最为密切。

(1)大气圈：是不同气体的混合物呈膜状包围着地球。海陆表面可以认为是大气圈假想的下限，因为实际上空气一直可以渗透到地壳内部；大气圈的上限变化不定，因为它将逐渐过渡到宇宙空间，约为 1000km 以上。直接构成植物气体环境的是大气对流层，其密度最大，约含大气全部质量的 70%～75%，平均高度为 10km，在极地上为 8km，赤道上为 16km。对流层对地球外壳有重要意义。云、雨、气团的水平与垂直移动均在这里发生，气团不断运动使空气充分混合。不过，在对流层全部厚度中，空气组成的主要成分保持不变。

大气中的氧对生物作用甚大。氮在空气中是一种中性介质，它的作用是“冲淡”氧气，使氧气含量不致过高，避免氧化作用过于激烈。CO_2 在空气中的含量变化较大，由于该气体相对密度较大，所以在 2～4km 以上高度内 CO_2 要比下层少些。直接与地面毗连的空气层，由于受植物光合作用的影响，CO_2 含量也相对少些。CO_2 在空气中虽然含量不多，但作用极大。首先，它是光合作用的原料，同时还具有吸收和释放辐射能的作用，影响地面和空气的温度。臭氧形成的臭氧层对高能紫外线辐射有吸收作用，保护生物体免遭紫外线的伤害。因此，生物圈内高等动植物才有可能发展、进化到现今的繁荣局面。

大气中还含有水汽、粉尘等，它们在气温作用下形成风、雨、霜、雪、露、雾和雹等，调节生物圈的水分平衡，有利于植物生长发育。当这一平衡失调时，就会给植物带来破坏和损害。

(2)水圈：水是生命过程的介质，也是生命过程氢的来源。地球上的海洋、冰川、湖泊、河流、土壤和大气中共含有约 15 亿 km^3 的水。如果以地球总表面积(5.1 亿 km^2)上水的平均深度为计算单位，则海洋约占总水量的 97%，深度在 2700～3800m 之间。在余下的 3%中，四分之三是以固体状态存在于两极冰盖和冰川中，深度约为 50m。地面水主要在世界各大湖中，0.4～1m。大气中平均含水量相当于 0.03m 深的液体。水分在地球上通过大气环流、洋流和河流排水等三种形式流动和再分配。

水体中溶有各种化学物质，溶解在水中的 CO_2 和 O_2 为植物生存提供了必要条件。水体不断进行物理化学过程、生物过程和地质过程。这些过程必然影响到水体溶液的总浓度，特别是大气中水热条件，促进水热的重新分配，影响着地区性气候变化和植物的生态分布。

（3）岩石圈和土壤圈：岩石圈是指地球表面 30～40km 厚的地壳层。它是组成生物体各种化学元素的仓库。岩石圈和水圈进行物质交换，并通过火山活动和放射衰变产物而影响大气圈的组成，它是土壤形成的物质基础，从而给植物生存创造了各种不同的土壤类型。土壤圈不只是岩石圈的疏松表层，还是在生物体参与下形成的。物理风化和化学风化不断从岩石圈释放无机物质，而植物残体和死的有机体通过微生物腐解，这些腐解产物与土壤动物的排泄物一起逐渐变为腐殖质。它与无机风化物形成复合体，给植物生长发育提供了场所。因此，土壤圈和植物之间的关系十分密切。

区域环境（regional environment）是指占据某一特定地域空间的自然环境。

微环境（micro-environment）是指接近植物个体表面或个体表面不同部位的物理环境。如叶片表面附近，由于大气温度和湿度的变化，使叶片表面附近形成一种特殊小气候。这种小气候对植物叶片的光合作用有直接影响。因此，植物叶片表面的光照强度、温度和湿度等就是植物叶片的微环境。

体内环境（inner enironment）是指植物体内部的环境，如叶片内部直接和叶肉细胞接触的气腔、气室都是体内环境。二氧化碳从大气进入叶绿体进行光合作用所经过“三段”路程可说明环境、小环境和体内环境三者之间的相互关系。CO_2 从高层大气到群体叶片附近，再从叶片周围经过气孔到叶肉细胞表面，最后由叶肉细胞表面到叶绿体内同化 CO_2 的酶系统。

生境（habita）是指植物生活的具体环境，如水中、路边、林下等。

第二节　园林植物对生态因子的耐受限度

一、利比希最小因子法则（Law of the minimum）

1840 年，德国有机化学家 Justus von Liebig 在其著作《有机化学及其在农业和生理学中的应用》一书中指出：作物的产量并非经常受到大量需要的营养物质如 CO_2、水的限制，因为它们在自然界很丰富，但却受到一些原料如B等微量元素的限制，它们的需要量很少，且在土壤中非常稀少。由此提出最小因子法则，即植物生长取决于处在最小量状况的营养物质的量。

Liebig 后又有很多人作了大量研究，并对最小因子法则的概念作了两点补充：其一是最小因子法则只能严格用于稳态条件下，如果在一个生态系统中，物质和能量的输入和输出不是处于动态平衡，那么植物对于各种营养物质的需要量就会发生变化，在这种情况 Liebig 的最小因子法则就不能应用。如湖泊中的 CO_2 为限制因子，但一次暴风雨过后则不然；其二是应用最小因子法则时必须考虑到各因子之间的相互关系。如果有一种营养物质的数量很多或容易被吸收，它就会影响到数量短缺的那种营养物质的利用率。另外，生物可以利用所谓的代用元素，意指两种元素属于近亲元素的话，它们之间常常可以互相代用，即生态因子作用的互补性。

二、限制因子(limiting factors)

Liebig 在提出最小因子法则的时候，只研究了营养物质对植物生存、生长和繁殖的影响，并没有考虑到能否应用于其他生态因子。经过多年研究，人们发现这个法则对于温度和光等多种生态因子都是适用的，并且生态因子的量也会对生物起限制作用。

在稳定状态下，某一生态因子的可利用量与生物所需要量差距很大，从而限制生物生长发育或存活，则这一生态因子为限制因子。任何一种生态因子只要接近或超出生物的耐受限度，就会成为这种生物的限制因子。如水是干旱地区的限制因子。

如果一种生物对某生态因子的耐受范围很广，而且这种因子又非常稳定，那么这种因子就不会成为限制因子；相反，如果一种生物对某一生态因子的耐受范围很窄，而且这种因子又易于变化，则这种因子很可能就是一种限制因子。

主导因子不一定是限制因子，但限制因子一定是主导因子。一旦环境变化，植物对主导因子的需要得不到满足，主导因子便很快成为限制因子。

三、Shelford 耐受性法则(Law of tolerance)

1913 年，美国生态学家 V. E. Shelford 在 Liebig 最小因子法则的基础上又提出了耐受性法则，或称 Shelford 耐性定律，即生物对每一种生态因子都有其耐受的上限和下限。在这个生态因子作用范围内，生物能生长、发育、生殖并能很好地适应；若生态因子作用强度超出这个范围，即质或量上的不足或过多，该生物种就不能生存甚至灭绝。生态因子的这种上下限之间的范围就是生物对这种生态因子的耐受范围，即生态幅。

Shelford 的耐性定律可以形象地用一个钟形耐受曲线来表示。法则发展的结果导致耐受生态学(toleration ecology)的形成。

许多学者在 Shelford 研究的基础上对耐受性定律作了补充和发展，概括如下：

(1)生物对各种生态因子的耐性幅度有较大差异，生物可能对一种因子的耐性很广，而对另一种耐性很窄。

(2)自然界中，生物并不一定都在最适环境因子范围生活，对所有因子耐受范围都很广的生物，分布也广。

(3)当一个物种的某个生态因子不是处在最适度状况时，另一些生态因子的耐性限度将会下降。如土壤含氮量下降时，草的抗旱能力也下降。

(4)自然界中生物之所以不在某一个特定因子的最适范围内生活，其原因是种群的相互作用(如竞争、天敌等)和其他因素妨碍生物利用最适宜环境。

(5)繁殖期通常是一个临界期，此期间环境因子最可能起限制作用。繁殖期的个体、胚胎、幼体的耐受限度要窄很多。

四、生态幅

Shelford 耐受性定律中把最低量因子和最高量因子相提并论，即每一种生物对任何一种生态因子都有一个耐受范围，这个耐受范围就称作该种生物的生态幅(ecological amplitude)。由于长期自然选择的结果，自然界的每个物种都有其特定的生态幅，这主要取决于物种的遗传特性。

生态学中常常使用一系列名词以表示生态幅的相对宽度。如窄食性、窄温性、窄水性、窄盐性等；广食性、广温性、广水性、广盐性等。

当生物对某一生态因子的适应范围较宽，而对另一因子的适应范围很窄时，生态幅常常为后一生态因子所限制。在生物的不同发育时期，它对某些生态因子的耐受性是不同的，物种的生态幅往往决定于它临界期的耐受限度。通常生物繁殖是一个临界期，环境因子最易起限制作用，从而使生物繁殖期的生态幅比营养期要窄的多。在自然界，生物钟往往并不分布于其最适生境范围，只要是因为生物间的相互作用，妨碍它们去利用最适宜的环境条件，因此生理最适点与生态最适点常常是不一致的。

五、限制因子

目前，生态学家将最小因子定律和耐受性定律结合起来，提出了限制因子（limiting factor）的概念，即当生态因子（一个或相关的几个）接近或超过某种生物的耐受性极限而阻止其生存、生长、繁殖、扩散或分布时，这些因子就成为限制因子。

限制因子的概念非常有价值，它成为生态学家研究复杂生态系统的敲门砖，指明了生物变化的生存与繁衍取决于环境中各种生态因子的综合，也就是说，在自然界中，生物不仅受制于最小量需要物质的供给，而且也受制于其他的临界生态因子。生物的环境关系非常复杂，在特定的环境条件下或对特定的生物体来说，并非所有的因子都同样重要。如果一种生物对某个生态因子的耐受范围很广，而这种因子又非常稳定、数量适中，那么这个因子不可能是限制因子。相反，如果某种生物对某个因子的耐受限度很窄，而这种因子在自然界中又容易变化，那么这个因子就很可能是限制因子。比如在陆地环境中，氧气丰富而稳定，对陆生生物来说就不会成为限制因子；而氧气在水体中含量较少，且经常发生波动，因此对水生生物来说就是一个重要的限制因子。

六、生物内稳态及耐受限度的调整

内稳态（homeostasis）即生物控制自身的体内环境使其保持相对稳定，是进化发展过程中形成的一种更进步的机制，它或多或少能够减少生物对外界条件的依赖性。具有内稳态机制的生物借助于内环境的稳定而相对独立于外界条件，大大提高了生物对生态因子的耐受范围。

生物的内稳态是以其生理和行为为基础的。虽然维持体内环境的稳定性是生物扩大环境耐受限度的一种重要机制，但是内稳态机制只能使生物扩大耐受范围，使自身成为一个广适应性物种，但却不能完全摆脱环境所施加的限制，因为扩大耐受范围不可能是无限的。Putman（1984）根据生物体内状态对外界环境变化的反应，把生物分为内稳态生物与非内稳态生物。它们之间的基本区别是控制其耐性限度的机制不同，非内稳态生物的耐性限度仅取决于体内酶系统在什么生态因子范围内起作用；而对内稳态生物而言，其耐性范围除取决于体内酶系统之外，还有赖于内稳态机制发挥作用的大小。

生物对于生态因子的耐受范围并不是固定不变的，通过自然驯化或人工驯化可在一定程度上改变生物的耐受范围，使其适应生存的范围扩大，形成新的最适度，去适应环境的变化。这种耐受性的变化是通过酶系统的调整来实现的，因为酶只能在特定的环境范围内起作用，并决定生物的代谢速率与耐性限度，所以驯化过程是生物体内酶系统改变的过程。

第三节　植物对生态因子适应性的调整

一、驯化(Acclimatization)

生物借助于驯化过程可以调整它们对某个生态因子或某些生态因子的耐受范围。如果一种生物长期生活在它的最适生存范围偏一侧的环境条件下，就会导致该种生物耐受曲线的位置移动，并可产生一个新的最适生存范围，而最适范围的上下限也会发生移动。因此，驯化能在一定程度上扩大其生态幅。

驯化(acclimatization)是指在自然环境条件下所诱发的生理补偿变化，通常需要较长时间。有时将实验条件下所诱发的生理补偿机制也称为驯化，这种驯化对于小动物一般只需较短时间。

驯化实质上是利用了生物的遗传变异性，并常常与引种工作联系起来。如三叶橡胶原产巴西亚马孙河流域(5°N)，现已在我国云南南部栽种(25°N)。

二、休眠(Dormancy)

休眠即处于不活动状态，是生物抵御暂时不利环境条件的非常有效的生理机制。环境条件如果超出了生物的适宜范围(但不能超出致死限度)，虽然生物能维持生活，但却以休眠状态适应这种环境，因为动植物一旦进入休眠期，它们对环境条件的耐受范围就会比正常活动时宽得多。

各类生物皆有休眠特性。如动物的冬眠(hibernation)和夏眠(aestivation)，植物的落叶，生物的午休等。

三、昼夜节律和其他周期性的补偿变化

生物在不同季节表现出不同的生理最适状态，因为驯化过程可使生物适应于环境条件的季节变化，甚至调节能力也有季节性变化。因此，生物在一个时期可以比其他时期具有更强的驯化能力或更大的补偿能力。补偿能力的周期性变化，大多反映了环境的周

期性变化，即耐受性的节律变化或对最适条件选择的节律变化，这些变化大都是由外在因素决定的。

第四节 几种主要生态因子与植物的关系

一、植物对光因子的生态适应

绿色植物所吸收的太阳能，通过光合作用合成有机物质，将部分太阳光能转变成贮藏于有机物中的化学能，它不仅供给自身的需要，而且还维持着人类和食物链（odehian）中所有成员的生物量及生命过程。地表吸收的绝大部分辐射能直接转变成热能，其中一部分用于水分蒸发，其余部分用来增加地球表面的温度。因此，太阳辐射是构成热量水分和有机物质分布基础的能量源泉，为地球上所有生命得以生存和繁衍创造了必要条件。太阳辐射由于其光强、光质和光周期随时间和空间不同而深刻影响着植物生长发育、生物量和地理分布。因此，光是植物的一个非常重要的生态因子。

（一）光照强度对植物的生态作用

地表的光照强度有其空间和时间上的变化规律，随纬度增加，光照强度减弱。纬度越低，太阳辐射穿过大气层的距离越短，能量损失越小，地表所接受的辐射强度越大。随着纬度增加，太阳辐射经过大气层射到地面的距离越长，地表所接受的辐射强度就越小。光照强度随海拔高度升高而增强。因为随着海拔高度升高，大气厚度相对减少，密度也随之减小。

坡向和坡度也影响光照强度。如在北半球温带地区，太阳的位置偏南，南坡所受的辐射比平地多，北坡则较平地少。

一年中以夏季太阳辐射最强，冬季最弱。一天中，中午前后辐射最强，早晚最弱。对许多植物而言，光照强度没有大到可以阻碍生命活动的地步。但是，强光引起的温度升高，水分损失，对植物生命活动有重大影响。相反，光照不足对植物的影响更大，如小麦开花期，连绵的阴雨天气会影响小麦产量。若环境中完全没有光照，绿色自养植物也无法生存。

当其他环境条件不变时，光照强度的变化决定着光合作用的变化。当光照强度低于光补偿点(compensation point)时,植物处于消耗而无积累的状态,只有当光照强度超过光补偿点时,植物才有有机物积累。植物在超过其光饱和点的强光作用下,光合过程的超负荷反而会导致光量子的利用率降低,光合产量下降,过强的光照甚至引起光合色素和类囊体结构的破坏。

光照强度对植物生长发育和形态结构的建成有重要作用。光是绿色植物进行有机物合成的能量来源,而有机物积累的多少必然对植物生长产生影响;植物许多器官的形成以及各器官和组织的比例都与光照强度有直接关系。黄化(etiolation)现象就是光照严重不足或无光所引起的影响植物生长及形态建成的例子。黄化植物的节间特别长,叶不发达且小,缺少叶绿素而呈现黄色,植物体含水量高,薄壁组织发达,机械组织和维管束分化很差,特别是输导水的组织不发达。光照不足可引起植物体内养分供应出现障碍,导致已经形成的花芽果实发育不良或早期死亡,也会影响果实的品质。果树进行必要的修剪,其目的之一就是为了使果树枝叶分布合理,果树内外都能较好地接收光照,从而不影响开花、结果。

(二)植物对不同光照强度的生态适应

植物一般都需要在充足光照条件下完成生长发育过程,但是不同树种,尤其幼龄阶段,对光照强度的适应范围,特别是对弱光的适应能力则有明显差异。有些植物能适应较弱的光照,另一些植物需在较强光照条件下才能正常生长发育而不耐荫蔽。根据对光照强度的要求,一般可将植物分为阳地植物、阴地植物和耐阴植物。

1. 阳地植物(hliphytes,sun plant)

阳地植物需要全日照,需光的最下限量是全日照的1/50～1/10,而且在水分、温度等生态因子适合的情况下,不存在光照过度的问题,在荫蔽和弱光条件下生长发育不良。这类植物多生长在旷野路边等地。如蓟、蒲公英、杨、柳等,旱生植物和大多数农作物也属于阳地植物。

这类植物的形态特征是叶子排列稀疏,角质层较发达,栅栏组织和海绵组织分化明显,机械组织发达,其叶内总表面(叶内细胞间隙的总表面)比叶外表面多16～29倍。单位面积上的气孔数多。阳地植物叶绿素a含量高,类胡萝卜素含量相对较高,并有明显的叶绿体位移现象。阳地植物叶绿素a与叶绿素b的比值较大,叶绿素a与叶绿素b的吸收光谱略有不同,叶绿素a在红光部分的最大吸收光谱较宽,而叶绿素b在蓝紫光部分的吸收带较宽,所以阳地植物能在直射光下较强烈地利用红光。

2. 阴地植物(sipyes shade plant)

阴地植物是指在较弱的光照条件下要比在强光下生长得好的植物。需光量可低于全日照的 1/50,呼吸和蒸腾作用均较弱。它们最适的光合作用所需的光照强度低于全日照。阴地植物多生长在潮湿、背阴的地方或生于密林内。如林下蕨类植物、苔藓植物以及铁杉、红豆杉、人参、三七、半夏等。

这类植物枝叶茂盛,没有角质层或角质层很薄,栅栏组织不发达,有的甚至栅栏组织与海绵组织很难区别,叶内总表面仅为叶外表面的 6～9 倍。气孔与叶绿体较少,叶绿体大,有利于吸收散射光。由于单位面积内叶绿素含量少,因此它能在低光照强度下吸收较多的光线,以提高其光合效能。阴地植物叶绿素 a/b 值小,叶绿素 b 在蓝紫光部分的吸收带较宽,它能在散射光下强烈利用蓝紫光。阴地植物叶绿体的一个明显特征是具有大的基粒,每个基粒可能含有 100 个类囊体,这与其叶绿素 b 比例较高相一致,因为基粒类囊体含有比基质片层更低的叶绿素 a/b 比。同样,阴地植物有自己独特的生理特征。

3. 耐阴植物(shade-enduring plant)

耐阴植物是介于上述两者之间的植物。在全日照下生长最好,但也能忍耐适度的荫蔽,所需最小光量为全日照的 1/50～1/10。如麦冬、玉竹、党参、侧柏、青杆、云杉等。

了解植物与光照强度的关系,对农林业生产具有重要意义。无论是引种、栽培还是物种的驯化,都要考虑植物对光的需求和环境中的光照条件,并采取相应的措施。如植物南移时,由于纬度减小,光照强度增强,需要考虑采取遮阴以避免植物不能很快适应强光环境。

(三)光质对植物的生态作用

植物的光合作用只是利用可见光的大部分,通常将这部分辐射称为生理有效辐射或光合有效辐射。在生理有效辐射中,红橙光是被叶绿素吸收最多的部分,具有最大的光合活性,所以也称为生理有效光。其次,是蓝紫光也能被叶绿素、胡萝卜素等强烈吸收,只有绿光在光合作用中很少被吸收利用。

大多数植物在全可见光谱下生长最好,有些植物能够在缺少其中某些波长的光的情况下生活。许多试验证明,不同波长的光对植物生长有不同影响。蓝紫光和青光对植物生长及幼芽形成有很大作用,能抑制植物的伸长而使植物形成矮粗形态;青、蓝紫光还能影响植物的向光性,并能促进花青素等植物色素的形成;蓝光还能激活光合作用中同化 CO_2 的酶类;蓝紫光也是支配细胞分化的重要光线;红光能促进植物伸长生长;不可见光中的紫外线能使植物体内某些激素的形成受到抑制，从而抑制茎的伸长；紫外线还能引起植物向光性的敏感和促进花青素形成，它使植物细胞液，特别是表皮细胞液累积去氢黄酮衍生物，再使之还原成为花青素；红外线能促进植物茎的伸长生长，促进植物种子或孢子萌发，提高植物体温度等。

（四）日照长度对植物的生态作用

根据植物开花过程对日照长度的要求，可将植物分为以下四个生态类型：

1. 短日照植物

是指在较短日照条件下促进开花的植物，日照超过一定长度时便不开花或明显推迟开花。这种植物在24h的周期中有一定时间的连续黑暗才能形成花芽，也是在长夜条件下促进开花的植物。在一定范围内，暗期越长开花越早，一般需要14h以上的黑暗才能开花。在自然栽培条件下，通常在深秋与早春开花的植物多属此类，用人工方法缩短光照时间，可使这类植物提前开花。如烟草、大豆、水稻、粟、芝麻、大麻、牵牛和菊花等。

2. 长日照植物

是指在较长日照条件下促进开花的植物，日照短于一定长度便不能开花或推迟开花时间。它在短暗期或连续照明条件下促进开花。光照时间愈长，开花愈早，通常需要14h以上的光照才能开花。用人工方法延长光照时间可使这类植物提前开花。如小麦、蚕豆、萝卜、菠菜、天仙子、甜菜及胡萝卜等。

3. 中日照植物

昼夜长短近于相等才能开花的植物。这类植物在日照时间过长或过短时都不能开花。赤道附近、热带、亚热带的很多植物为中日照植物，如甘蔗。

4. 日中性植物

在长短不同的任何日照条件下都能开花的植物。也就是说这类植物对日照长短要求不严。如番茄、菜豆、黄瓜和辣椒等，一年四季都可以生产（在北方，冬季可在温室中种植），它们不受日照长度的影响。

光周期现象的生态效应是多方面的，除了与植物生殖生长密切相关外，还与营养生长有关。从植物种子的萌发、茎的生长和分枝到叶的脱落和休眠，都与光周期有关。

光周期现象与植物的地理分布也有密切关系。短日照植物大多产于热带或亚热带；长日照植物大多产于温带和寒带。

如果把短日照植物北移，由于日照时数增加，会延迟休眠的起始时间，易使植物受到冻害，其开花也可能因为长光周期而受到限制；如果把长日照植物南移，会由于长日照条件不足，致使不能开花。

二、植物对温度因子的生态适应

（一）温度对植物生长发育的影响

适宜的温度是生命活动的必要条件之一。植物的生理生化反应总是在一定温度范围内进行的，并有一个最适宜温度点，在最适温度前，随着温度升高，植物的生理生化反应加快，生长发育加速；不到或超过最适温度前，随着温度升高，植物的生理生化反应加快，生长发育加速；不到或超过最适温度时，生理生化反应变慢。离最适点越远，植物的生长发育越趋于迟缓。当温度超出植物所能忍受的范围时，植物生长停止，开始受害甚至死亡。

不同植物对温度适应范围的大小不一。有些植物具有较宽的温度适应范围，被称为广温植物。很多陆生植物属于此类。这些植物有的能在-5～55℃范围内生存。但只有5～40℃范围内才有有机物的积累和生长；有些植物则只能在很窄的温度范围内生存，被称为窄温植物。许多水生植物、极地植物以及不少热带植物属于此类。如生长在高山的雪衣藻和生长在极地冰川的绿藻等，只能在冰点左右很小的温度范围内生长；一些温泉中的藻类只能在固有的高温下生存，而热带植物所生活的环境温度变幅也很小。

植物的生理活动都需在适宜温度下进行。种子萌发需要适宜温度。一些植物的种子萌发前必须经过低温处理，如一些树木种子播种前在潮湿沙土中进行低温层积处理（0～5℃）可提高其萌发率。还有一些植物的种子需要在变温条件下才能萌发良好，甚至有些需光萌发的种子，经变温处理后，在暗处也能萌发良好。植物根的生长也需要一定温度，但通常低于茎所需的温度。如温带木本植物根生长的最低温度0～5℃（茎要高于10℃），热带、亚热带木本植物的根生长至少要高于10℃。一些植物需要一段时间的低温才能在次年开花。

（二）温度变化对植物的影响

所有植物只能在适应了的特定昼夜或季节性变温下正常生长，这一现象称为温周期现象。温周期现象的生理基础在于植物的生长和光合作用所需的温度在白天和夜晚是不同的,因而正常的昼夜或季节性温度变化对当地植物生长是有利的。白天高温有利于光合作用,夜间低温使呼吸作用减弱,光合产物消耗减少,净积累增多。如加州冷杉,幼树在日温为17℃、夜温4℃时高度生长达到最大。温带落叶树种在入冬休眠前经过慢慢降温,可以在很低温度下生存。急剧变温和非季节性温度变化将对植物产生危害。不寻常的夏季高温、冬季低温和不寻常的夏季低温、冬季高温都会对植物产生危害。

温度降低,即使在0℃以上,也会让热带起源的植物因生理代谢失调而受到伤害,这种伤害称为冷害。当温度降到0℃以下而使植物发生的伤害称为冻害或霜害,冻害或霜害表现为植物细胞间隙和细胞壁上自由水结冰,由此引起细胞内的水外渗,细胞失水、萎缩;或冰晶压迫细胞造成机械伤害。如果低温后迅速升温,更易造成细胞死亡。突然降温还会使树木茎外层比内层收缩强烈,造成树皮破裂,甚至茎干开裂。低温会造成植物根系活动降低,甚至停止,或根系周围处于冷冻状态而无法吸水,使植物的生理活动无法正常进行,这种现象称为生理干旱。随温度升高,植物代谢和呼吸速率增大。当温度达到使呼吸消耗的能量超过其光合作用积累时,植物将"入不敷出",长期下去,植物将发生"饥饿",直至死亡。温度高于50℃时,大多数蛋白质将发生变性,即使是30～50℃的温度持续一段时间,也会干扰蛋白质的正常功能。但少数有机体,如温泉中的藻类可以在约90℃的温泉中生存,一些沙漠植物在气温达58℃时仍能正常生长。温度的变化不仅直接影响植物的生长发育,而且还会引起环境中其他因子如湿度、土壤肥力等的变化,从而间接影响到植物的生长发育。

(三)植物对极端温度的适应

植物对温度的适应包括形态和生理两方面。在形态方面,对高温的适应方式有:减小叶片面积,甚至叶片退化,由茎代替叶的功能。如仙人掌,幼茎叶表面光泽,角质层厚,具有鳞片或绒毛,叶面与光照成一定角度甚至垂直,叶片相互重叠等。对低温的适应方式有植株矮化、丛生,在极地的一些植物常贴地面生长以保温,幼枝、叶表面保护组织增厚,叶面积减小以及叶面向光生长等。生理适应主要有三个目标:一是减少自由水,增大束缚水比例,如种子或孢子比其植株要抗冻得多;二是提高细胞内溶质和胶体物的浓度以继续进行正常代谢;三是进入休眠状态,这是抵抗低温和高温的最好方式,如温带、寒带的落叶树种,荒漠中的一些多年生植物在极端温度时即转入休眠。

(四)温度对植物分布的影响

温度对植物分布的影响,一方面取决于环境中的最高和最低温度;另一方面取决于有效积温。如冬季低温决定了森林水平分布的北界和垂直分布的上界;沙漠高温缺水限制了阔叶树种在沙漠中的生长;夏季高温限制了高纬度植物向低纬度或低海拔的扩散,因为高温会引起它们代谢失调;对于那些需要低温才能打破休眠或诱导开花的植物,因低纬度冬季低温时间短或温度不够而限制了其向低纬度的扩散,如苹果只能在温带生长而不能分布到亚热带以南就是这个原因。每种植物的生长发育,特别是开花结果都需要一定的有效积温,达不到其生理需要的积温,植物的繁殖发生障碍,因而也就限制了植物的分布。

(五)影响植物分布的因素

1. 物候

物候是生物对温度的季节性变化适应的一种温周期现象。在季节明显地区,植物适应于气候条件的节律性季节变化,形成与此相应的植物发育节律。

物候期是植物发芽、生长现蕾、开花、结实、果实成熟及落叶休眠等生长发育阶段的始终期。物候期受纬度、经度和海拔高度的影响,因为这三者是影响气候的重要因素。林木的物候现象是同周围环境条件紧密相关的,是适应过去一个时期内气候和天气规律的结果,是比较稳定的形态表现。因此,通过长期的物候观测可以了解林木生长发育季节变化同气候及其他环境条件的相互关系,作为指导林业生产和制定营林措施的科学依据。

2. 年平均温度,最冷、最热月平均温度值

年平均温度,最冷、最热月平均温度值是影响生物分布的重要指标之一。物种根据其生活的温度最适或耐受的范围而分布在世界内各自合适的位置上。

3. 日平均温度累积值的高低

日平均温度累积值的高低是限制植物分布的另一重要因素。如日平均温度高于18℃的日数长短是决定热带植物能否栽种的重要条件。

日平均温度累积值可用积温表示,积温即可表示各地的热量条件,又能说明植物各个生长发育阶段和整个生育期所需要的热量条件。积温分为有效积温和活动积温。有效积温以生物学零度为起点温度,生物学零度在温带地区常用5℃,亚热带地区常用10℃。活动积温以物理学零度为起点温度。植物在整个生长发育期内,要求不同的积温总量。如柑橘需要有效积温4000～4500℃,椰子>5000℃。

根据植物需要的积温量，结合各地的温度条件，初步可知这一地区能栽种或引种哪些物种，或某些物种引种到什么地方为宜。此外，还可根据各植物对积温的需要量，推测或预报各发育阶段到来的时间，以便及时安排生产活动。积温还常用作气候和农、林业区划的主要指标，尤其是≥10℃的积温，是一个比较重要的农、林业界限温度。我国气候带的划分常用≥10℃的天数和积温值作为指标。

（六）温度与引种驯化

温度能限制植物的分布，也能影响植物的引种。因此，在引种工作中必须注意以温度为主导的气候条件，遵循其气候规律，保证引种工作的成功。

气候相似性原则是指把植物引种到气候条件（主要是温度条件）相似的地方栽种，比较容易获得成功。气候相似性不仅指在本地带内，也包括在不同地带（超地带）中气候相似的地区。

北种南移（或高海拔引种到低海拔）要比南种北移（或低海拔引种到高海拔）容易成功。因为南种北移是影响到能否成活的问题，而北种南移主要是提高产品质量的问题。如典型热带植物椰子在海南岛南部生长旺盛，果实累累，但在该岛北部果实变小，产量明显降低；到广州（23°N）不仅不能开花结实，而且还不能成活。凤凰木原产非洲热带，在当地生长十分旺盛，花期长而先于叶，当红花盛开时，满城红花似火，形成特有景观，但引种到海南岛南部，花期明显缩短，有花、叶同时开放的现象；引种到广州后，大多数先叶后花，花的数量明显减少；到福州（26°N）就不开花；再往北移就不能成活。

草本植物比木本植物容易引种成功；一年生植物比多年生植物容易引种成功；落叶植物比常绿植物容易引种成功。草本植物，特别是一年生草本植物适应性强，容易引种。如水稻原产亚洲热带，现已栽种到我国最北部北纬53°以北的地区；穿心莲属热带植物区系，但经人们采取措施（幼苗短日照和晚上加温处理）后，引种到华北温带地区栽种。其他一年生植物，如黄瓜原产印度热带，西瓜原产南非热带，苦瓜、南瓜来自亚洲热带，都早已在我国南北各地正常生长。一年生植物较易扩大其分布区（栽培区）的主要原因之一，是能充分利用该地区的生长季节，在低温来临前完成其生活周期。一年生植物从低海拔往高海拔引种，也有类似情况。二年生或多年生草本植物，在秋末冬初低温来临前就转入休眠，度过严寒冬季，有很强的抗低温能力，所以北移或高引也较易成功。灌木比乔木矮小，能抗低温，比乔木容易北移或高引；落叶乔木又比常绿乔木更能适应低温条件，容易北移和高引。因此，在南种北（或高）移时，往往采取乔木矮化（灌木化）和强令其在低温季节落叶进入休眠的方法，促使其度过低温季节，保证其北移和高引成功。

三、植物对水因子的生态适应

水是植物生存重要的因子。它通过不同形态、量和持续时间三个方面的变化对植物起作用。不同形态的水是指水的三态变化；量是指降水量的多少、大气湿度的高低；持续时间是指降水、干旱、淹水等的持续日数。由于各种植物长期生活在不同水分条件下，对水的需要量不同。同种植物不同发育阶段需水量也不同。如果没有适宜的水分条件，一切植物皆不能生存。总之，植物形态结构、生长繁殖、分布及产量等方面无不深受水分条件和体内水分状况的强烈影响。

地球上的水分总量约 1.386×10^{18} t，但 97%以上为咸水，主要蓄存于海洋中，淡水只占总储量的 2.53%，包括分布在南北两极占淡水总储量 68.7%的固体冰川和埋藏深度较大的深层地下水及永久冻土的底冰。与植物关系密切的土壤水仅占淡水总储量的 0.05%，地球总储水量的 0.001%。以云、雾、水蒸气悬浮于陆地和海洋上空的水分约占地球贮水总量的 0.001%。地球上不同地区水分的分布极不均衡。从海洋到内陆，水分条件经过潮湿—半干旱—干旱的过渡性变化，在陆地上可分出森林、草原、荒漠等生物气候带。同时降水的季节分配特性也直接影响植物的发育节律，如短命植物及不同休眠类群的形成。在我国，干旱区主要分布于广大的西北地区和内蒙古高原。根据植物对水分的反应，可将其分为如下生态类群：

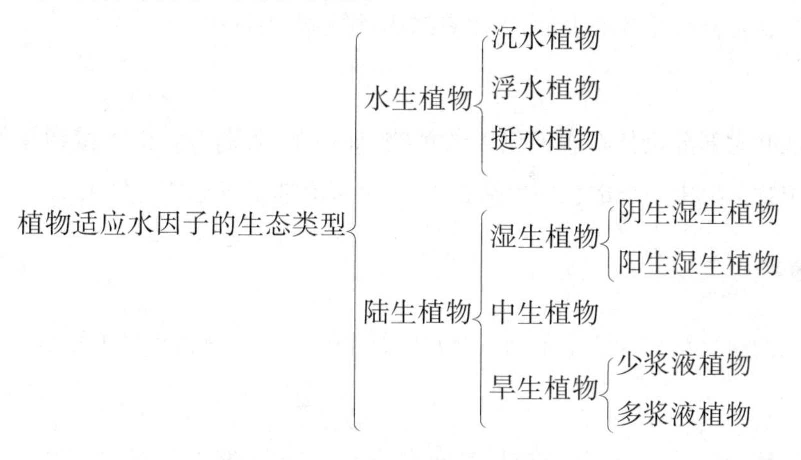

（一）水生植物类型

生长在水域环境中的植物，统称水生植物。水生植物植株的一部分或全都沉没在水中生活，从水内或水底淤泥中吸收营养物质，在水中或水上进行光合作用和呼吸作用。

由于长期适应水域环境弱光、缺氧、密度大、黏性高、温度较低且变化较缓、水体流动等特点，形成了与陆生植物不同的形态特征和生态习性。根据其生长的水层深浅不同，可将水生植物分为沉水、浮水和挺水植物。

水生植物在较大湖泊或深水池塘内，都是有规律地呈环带状分布。从沿岸浅水向中心深水方向分布的系列，依次为挺水植物带、浮水植物带及沉水植物带。

1. 沉水植物

整个植物体沉没在水下，与大气完全隔绝的植物，如眼子菜科、金鱼藻科、水鳖科、茨藻科、水马齿科及小二仙科的狐尾藻属等。沉水植物的表皮细胞无角质层和蜡质层，能直接吸收水分、矿质营养和水中的气体。叶片无栅栏组织和海绵组织分化，细胞间隙大，无气孔，机械组织不发达，全部细胞进行光合作用。叶片多呈条带状、线状或细裂呈狭条状，沉水植物因适应水中氧的缺乏而形成了一整套的通气组织。

2. 浮水植物

浮水植物是植物体浮悬水上或仅叶片浮生水面的植物。主要有满江红科、槐叶萍科、浮萍科、雨久花科的凤眼莲属、睡莲科的芡属及睡莲属、水鳖科的水鳖属、天南星科的大藻属、胡麻科的茶菱属及菱科植物。浮水植物常有异形叶性，即有浮水和沉水两种叶片，如菱除有菱状三角形的浮水叶外，还有羽状细裂的沉水叶。浮水植物还有适应于浮水的特殊组织，如菱和凤眼莲（水葫芦）的叶柄，中部膨大形成气囊，以利于植物体浮生水面。浮水植物的气孔常分布在叶上表面，表皮有蜡质，栅栏组织发达。

3. 挺水植物

挺水植物是茎叶大部分挺伸在水面以上的植物，如芦苇、香蒲等。挺水植物在外部形态上很像中生植物。但由于根部长期生活在水中，所以有非常发达的通气组织。

（二）陆生植物类型

在陆地上生长的植物统称为陆生植物，它包括湿生植物、中生植物和旱生植物。

1. 湿生植物

是指在潮湿环境中生长，不能忍受较长时间水分不足，抗旱能力最弱的一类陆生植物。根据湿生植物生存的环境特点又可将其分为两类：①阴生湿生植物，生长在空气潮湿的林中树上（附生），常由薄叶或气生根直接吸入水汽（如森林中各种附生蕨类和附生兰科植物），根系发育很弱，海绵组织发达，栅栏组织和机械组织不发达，间隙很大，薄的叶片大而柔弱，是典型的湿生植物。还有一些需要阴湿环境的植物，如海芋、观音座莲等。它们的根虽着生在土壤中，但仍需要湿度很高的荫蔽环境。②阳生湿生植物，生长在阳光充沛，土壤水分经常饱和的生境中，如水稻、灯心草等。这类植物虽然经常生长在土壤潮湿的条件下，但由于常发生土壤的短期性缺水，因而其湿生形态结构不是很显著，其根系一般很浅，叶片常有角质层，输导组织较发达。

2. 旱生植物

是指能够忍受较长时间干旱并维持体内水分平衡和正常生长发育的一类植物。它们构成草原、稀树草原及荒漠植被的主体，在我国广泛分布于西北地区，种类较多。这类植物具有典型的旱生结构，如叶片缩小变厚，栅栏组织发达，角质层蜡质层发达，表皮毛密生，气孔凹陷，叶片向内反卷包藏气孔等，还包括加强吸水和贮水能力的生理功能，如提高细胞液浓度，降低叶细胞水势，扩展根系，提高原生质水合程度等。但是各种旱生植物并非同时同等地具有这些特性，而是以某种适应方式为主。

根据旱生植物的形态、生理特征和适应干旱的方式，可将其分为两种生态类型：①多浆液植物，这类植物在体内薄壁组织里储存大量水分，肉质化程度高，以减少蒸腾失水来适应干旱环境，如龙舌兰、芦荟、仙人掌类植物等。突出的特点是特殊的光合作用机制—景天酸代谢(CAM)，从而把夜间固定的 CO_2 和在翌日对 CO_2 的进一步代谢在时间上分割开来，在得到 CO_2 的同时，避免了水分平衡的破坏。这类植物主要分布于热带、亚热带荒漠生境中。②少浆液植物，这类植物体内含水极少，即使失水 50%仍不死亡(湿、中生植物失水 1%～20%时就萎蔫)。其特点是叶面积极度缩小或叶退化以减少蒸腾失水；根系发达，增加吸收水分面积；细胞内原生质渗透压高，保证这类植物能从含水量很少的土壤中吸取水分。上述三个特点表现出少浆液植物在干旱条件下吸收水分并减少蒸腾的特性，但当水分能够充分供给时它又有比中生植物更为强大的蒸腾能力。这是因为这类植物的导水系统特别发达，气孔密度大。这种在对环境适应上的生态两重性，使少浆液植物既能适应干旱，又能适应高温。

而生长在低温地带的旱生植物，如北极苔原、泥炭藓沼泽和高海拔寒原上的植物，它们的环境并非真正缺少水分，而是由于温度很低，妨碍了植物对水分的吸收从而使植物处于生理干旱状态。有人称这类植物为冷旱生植物。

3. 中生植物

生长在水湿条件适中的土壤上，为介于旱生植物和湿生植物之间的类型。它们的根系深浅适中，叶面积的大小、厚薄、角质层、输导组织、机械组织及气孔的大小和数量也都适中,栅栏组织和海绵组织适度发育,细胞间隙不及湿生植物发达。生理特性如细胞的渗透压比湿生植物高,而比旱生植物小,体内含水量一般也比湿生植物少,而比旱生植物大(多浆液植物除外)。中生植物具有很大的可塑性。"中生植物"不仅表示该类植物与水分的关系,也表明它们与其他生态条件的关系,因此有人称其为生长在水分、温度、营养和通气条件均适中的生境中的一类植物。大多数农作物、蔬菜果树、森林树种、草地的草类、林下和田间杂草等都属于此类。

四、植物对土壤因子的生态适应

土壤是岩石圈表面能够生长植物的疏松表层,是陆生植物生活的基质。土壤供给植物生长所需要的水分、养分、空气和温度等生活条件的能力,称为土壤肥力,是土壤最基本的特征。土壤是固体、液体和气体三类物质组成的一个整体。固体物质包括大小不同的矿质土粒和有机质;液体主要指土壤水分,其中溶有各种可溶性有机物和无机盐类,实际上是土壤溶液;在水分占据以外的全部孔隙中都充满空气。除此之外,每种土壤都有其特定的生物区系,如土壤微生物、原生动物、软体动物及节肢动物等。这些生物有机体的集合,对土壤中有机物质的分解转化以及元素的生物循环具有重要作用,并能影响改变土壤理化性质。由于植物根系和土壤之间具有极大的接触面积,发生着频繁的物质交换,彼此强烈影响,因而土壤是一个重要的生态因子,是土壤—植被—大气连续系统中的重要成分。

(一)土壤形成与生物的关系

土壤是生物和非生物环境的一个极为复杂的复合体,土壤的概念包括生活在土壤里的大量生物,生物的活动促进了土壤的形成,而众多类型的生物又生活在土壤之中。典型土壤的形成过程需要相当长的时间,必须在地壳表层完成很多变化,才能使土壤发育到能生长植物的程度,这些过程包括岩石的物理风化、化学风化及土壤母质的生物作用等。物理风化(又称机械风化)是土壤形成的最初阶段,在气候因子作用下,特别是温度的变化,引起岩石各部分膨胀和收缩,使其分裂为碎片,即把岩石的聚合矿物最终变成单体矿物;渗入岩石中的水的冻结和融化,也是物理风化的动因之一。岩石碎片经过水解、水化、氧化和碳化等化学风化过程,变得更加破碎细小。物理风化和化学风化过程通常是同时发生的,很少单独进行。

经过风化后的岩石碎片成为土壤中的矿质部分,但这还不是土壤。只有在风化母质中加入有机物质后才能成为土壤。生物有机体的生命活动及其残体给风化物加进了有机物质。例如，植物从土壤中吸收水分和矿物营养，从大气中吸收CO_2，通过光合作用制造有机物；另外，植物的代谢产物及其残体给土壤增添了新的有机物质。同样，动物和微生物的排泄物及残体也起着重要作用。而地形和人类活动对土壤形成过程也有重要影响。如耕作过程使土壤的氧化过程加快，同时也使土壤易于熟化。从土壤形成过程可知，土壤中有机物和栖居的生物数量大，土壤的结构好，肥力高。倘若没有生物作用，单纯物理和化学风化的岩石碎片（土壤母质）是没有生命特征的。

（二）土壤性质与植物的生态关系

1. 土壤质地

土壤的气、液、固三相中，固相土粒占全部土壤的85%以上，是土壤组成的骨干。根据国际制，将土粒按直径分为粗沙（2.0～0.2mm）、细沙（0.2～0.02mm）、粉沙（0.02～0.002mm）和黏粒（小于0.002mm）。土粒越小，黏结性及团聚力越强，容水量大，保水力强，毛管吸附力强，但排水、通气性越差。在自然界，不同土壤的颗粒组成比例差异很大，我们把土壤中各粒级土粒的配合比例或各粒级土粒占土壤重量的百分数叫作土壤质地。按照土壤质地，一般将土壤分为沙土、黏土、壤土等。沙土颗粒组成较粗，含沙粒多、黏粒少，土壤结构疏松，透气性好，但保水力很差，植物根系生长发育良好，多为深根系。黏土中黏粒和粉沙较多，质地黏重，致密，保水保肥能力强，但通气透水能力差，因而只适合浅根系植物生长。壤土是沙粒、黏粒和粉沙大致等量的混合物，物理性质良好，最适于农业耕种。

2. 土壤结构

是指土壤固相颗粒的排列方式、孔隙度及团聚体的大小、多少和稳定度。土壤中水、肥、气热的协调，主要决定于土壤结构。土壤结构通常分为微团结构、团粒结构、块状结构、核状结构、柱状结构和片状结构。具有团粒结构的土壤是结构良好的土壤。所谓团粒结构是土壤中的腐殖质把矿质土粒互相黏结成直径为0.25～10mm的小团块，具有泡水不散的水稳性特点，常称为水稳性团粒。由于团粒内部经常充满水分，缺乏空气，有机质分解缓慢，有利于有机质的积累，而团粒之间空气充足，有利于好气性微生物将土壤有机物分解，转化为被植物吸收利用的无机养分。所以团粒结构的土壤既解决了水和空气的矛盾，也解决了保肥和供肥的矛盾。另外，水的比热容较大，使得土壤温度相对稳定。因此，团粒结构土壤的水、肥、气热状况常处于最好的协调状态，是植物生长的良好基质。

3. 土壤水分

主要来源于降水和灌水。土壤水分的意义在于:①被植物根系直接吸收;②与可溶性盐类一起构成土壤溶液,作为向植物供给养分的介质;③参与土壤中的物质转化过程,如土壤有机物的分解、合成等过程,都必须在水分参与下才能进行;④土壤水分与养分的有效性有关,如水分利于磷酸盐的水解,适宜的水分状况利于有机磷的矿化,从而增加植物的磷素营养。

4. 土壤通气性

是指土壤空气与大气之间不断进行气体分子交换的性能。土壤空气基本来自大气,还有一部分是由土壤中的生化过程产生的。由于土壤生物(包括微生物、动物、植物根系)的呼吸作用和有机物的分解,消耗 O_2 并释放出 CO_2,所以土壤空气中的 O_2 和 CO_2 的含量与大气相比有很大差别,O_2 含量为 10%～12%,低于大气,CO_2 含量比大气高几十倍到几百倍。土壤通气使土壤中消耗的 O_2 得到补充,并放出积累的 CO_2。所以维持土壤的适当通气性,是保证土壤空气质量、维持土壤肥力、使植物良好生长的必要条件。

土壤通气性对土壤肥力和植物生长的影响主要表现在以下几个方面:①大多数植物只有在通气良好的土壤中根系才能生长良好,当 O_2 的浓度低于 9%～10% ,CO_2 浓度积累达 10%～15%时,就会抑制根系生长;当 O_2 的浓度低于 5%,大部分根系会停止发育,CO_2 的浓度再增加,就会产生毒害作用;②土壤通气的程度影响土壤微生物的种类、数量和活动情况,并进而影响植物的营养状况;③土壤通气不良,还原性气体 H_2S、CH_4 产生过多,会对植物产生毒害作用;④土壤通气不良,O_2 不足,CO_2 过多,土壤酸度增加,适于致病霉菌的发育,易使植物感染病害。

5. 土壤热量

来源有太阳辐射能、地球内部向外输送的热量和土壤微生物分解有机质产生的热量,其中太阳辐射能是土壤热量的最主要来源。土壤温度是土壤热量的主要表现形式。它具有周期性的时间变化和空间上的垂直变化,并与大气温度存在差异。土壤温度与植物生长和土壤肥力有密切关系。在适宜温度范围内,土温升高能加速种皮破裂,刺激呼吸作用,促进种子萌发。例如,小麦、大麦和燕麦在 1～2℃时发芽期为 15～20d;5～6℃时为 6～8d;9～10℃时则为 5d。根系的生长也需要适宜的土壤温度,一般植物在 0℃以下根系是不能生长的,而土温高于 30℃时对根系生长也不利。这种过高或过低的土壤温度对根系生长的影响主要表现在加速或抑制根系呼吸作用,降低吸收水分和养分的能力方面。

6. 土壤化学性质

土壤的化学性质与土壤养分状况的关系比物理性质更为密切，它直接影响到植物养料物质的来源和吸收。土壤化学性质包括土壤的保肥性、土壤酸碱反应、土壤缓冲性能和土壤氧化还原反应等。

土壤的保肥性是指土壤吸收气态、液态与固态物质的性能。如土壤对进入其中的固体物质的机械阻留作用、土壤胶体颗粒对分子态养分的吸附作用以及对离子态养分的代换性吸收作用、土壤溶液中某些易溶性盐转变为难溶性盐发生沉淀而保存在土壤中的作用等。土壤具有这种性能，就可使施入的肥料及土壤中的营养物质不会随降水或灌溉水流走，而被保持在土壤中使植物得以持续稳定地吸收利用。

绝大多数植物和微生物一般适宜于微酸性、中性或微碱性的土壤环境，最适的 pH 在 6.1～7.5 之间，土壤过酸或过碱，都会抑制植物和微生物的活动。土壤酸碱度能影响土壤中矿质盐类的溶解度，从而影响养分的有效性，如磷酸在酸性土壤中易与铁、铝离子结合，形成不溶性的磷酸铁或磷酸铝，而不利于植物对磷的吸收利用。由于氮肥主要靠微生物分解含氮的有机质或固定空气中的氮素而来，土壤过酸或过碱时，均会抑制微生物的活动而导致土壤氮素不足。此外，土壤酸碱度还会影响到土壤的物理特性，过酸或过碱均会破坏土壤结构。

土壤的缓冲性能是指当土壤中加入一定量的酸或碱时，土壤有阻止本身酸碱度发生变化的能力，而使其酸碱度经常保持在一定范围内，避免因施肥、根的呼吸、微生物活动及有机质分解等引起溶液反应的激烈变化。

土壤中存在着很多种有机和无机的氧化还原物质，主要是氧、铁、锰、硫等及各种有机物质。它们分别构成了土壤中复杂的氧化还原平衡体系，该体系的氧化还原状态可用氧化还原电位的毫伏数来表示，根据该电位的高低，可以判断土壤的肥力状况。

土壤的氧化还原电位的高低，主要受溶液中氧压的影响，因此氧化还原条件是经常变化的。它受土壤水分、松紧度、温度、施肥、微生物活动及植物生长等多种因素的影响。灌溉、施入有机肥等，都可以降低氧化还原电位；土壤变干，疏松通气，则可以提高氧化还原电位。

7. 土壤的生物特性

是土壤中微生物、动植物活动所造成的一种生物化学和生物物理学特性，表现在控制与调节土壤有机质的转化、影响土壤的理化性质等方面，这与植物营养有密切关系。

在土壤微生物中起作用最大的是细菌、真菌、放线菌等。它们种类多、数量大、繁殖快、活动性强，是自然生态系统中的还原者。其作用主要表现在以下方面：①直接参与土壤中的物质转化，能分解动植物残体，使土壤中的有机质矿质化和腐殖质化。腐殖化作用和矿质化作用是个对立统一的过程，在土壤温度和水分适当，通气良好的条件下，好气性微生物活动旺盛，以矿质化过程为主；相反，如土壤湿度大，温度低，通气不良，则嫌气性微生物活动旺盛，以腐殖化过程为主。②土壤微生物的分泌物和对有机质的分解产物如CO_2、有机酸等，可直接对岩石矿物进行分解，硅酸盐菌能分解土壤中的硅酸盐，并分离出高等植物所能吸收的K^+。微生物生命活动中产生的生长激素和维生素类物质，可对种子萌发和植物正常生长发育起良好作用。

除上述作用外，土壤微生物还具有硝化作用、固氮作用、分泌抗生素以及与植物根系形成菌根的作用，这些都对土壤肥力和植物营养起着极其重要的作用。

（三）植物对土壤适应的生态类型

不同土壤上生长的植物，因长期生活在一定类型的土壤上，产生了与之相适应的特性，形成了各种以土壤为主导因子的生态类型。根据植物对土壤 pH 的反应，可分为酸性土植物（pH＜6.5）、碱性土植物（pH＞7.5）和中性土植物（pH6.5～7.5）。

1. 酸性土植物

也称为嫌钙植物，只能生长在酸性或强酸性土壤上，它们在碱性土或钙质土上不能生长或生长不良，它们对Ca^{2+}离子和HCO^{3-}离子非常敏感，不能忍受高浓度的Ca^{2+}离子。如水藓、马尾松、杉木、茶、柑橘、杜鹃属及竹类等。

2. 碱性土植物

也叫喜钙植物或钙质土植物，适合生长在高含量代换性Ca^{2+}、Mg^{2+}而缺乏H^+的钙质上或石灰性土壤上的植物。它们不能在酸性土壤上生长。如蜈蚣草、铁线蕨、南天竺、柏木等都是较典型的喜钙植物或钙土植物。

3. 中性土植物

是指生长在中性土壤里的植物。这类植物种类多、数量大、分布广，多数维管植物及农作物均属此类。

典型的酸性或碱性土植物只能生长在强酸或强碱性土壤中，另外有些植物虽然在强酸或强碱环境中生长最好，但也能忍耐一定程度的弱碱性或弱酸性条件，如曲芒发草，

pH 在 4～5 范围内生长最好，但也能生长于中性范围并忍受弱碱性土壤，称这类植物为“嗜酸耐碱植物”。款冬在中性或碱性范围内表现最适，但在 pH 为 4 时也能忍耐，称这类植物为“嗜碱耐酸植物”。还有少数植物，表现为对酸碱适应的二重性，既能分布于酸性土壤上，也能分布于碱性土壤上，而在中性土壤上通常却较少，称之为“耐酸碱植物”。

4. 盐生植物

生长在盐土中，并在器官内积聚了相当多盐分的植物。这类植物体内积累的盐分不仅无害，而且有益。如果把盐生植物种植在中性土壤中，它们对 Na^+ 和 Cl^- 的吸收仍占优势。由此可见，它们在盐渍土中并不是被动吸收，而是主动需要。如盐角草、细枝盐爪爪、海韭菜等旱生盐土植物，分布在我国内陆盐土上，而海滨湿生盐土植物有碱蓬、大米草、秋茄树、木榄等。

5. 沙生植物

生活在沙区（以沙粒为基质）生境的植物称为沙生植物。它们在长期适应过程中，形成了抗风蚀沙割、耐沙埋、抗日灼以及耐干旱贫瘠等一系列生态适应特性。如沙竹、黄柳、沙引草、油蒿等沙生植物具有在被沙埋没的茎干上长出不定芽和不定根的能力。沙柳、骆驼刺等以庞大根系吸收水分；同时，发达的根系有良好的固沙作用。还有以根套避免灼伤和机械损伤的，如沙芦草、沙竹等，也有以假死状态度过干旱季节的，如木本猪毛菜等，还有利用极短暂雨期完成生活史的，如一种短命菊只生活几个星期。

五、植物对空气和风因子的生态适应

大气是指地球表面到高空 1100～1400km 范围内的空气层。大气层中的空气分布极不均匀，越往高空，空气越稀薄。在地面以上 10km 范围内的空气层，其重量占大气层总重量的 97%左右，该层成为对流层，此层温度上冷下热，产生活跃的空气对流，形成风、云、雨、雪、雾和霜等各种天气现象。对植物生长发育、繁殖和分布等具有深刻影响。

（一）大气成分与植物的生态关系

空气的成分非常复杂，在标准状态下（0℃，101324.72Pa，干燥），依体积计，氮约占 78%，氧占 21% ，CO_2 占 0.036% ，其他约占 0.94%。其中 CO_2 和 O_2 对植物具有十分重要的作用。

1. 二氧化碳的生态作用

（1）CO_2 是植物光合作用的主要原料。在高产作物中，生物产量的 90%～95%取自

空气中的 CO_2，只有 5%～10%是来自土壤。因此，CO_2 对植物生长发育有着极其重要的作用。

(2)CO_2 含量与气候变化。据研究，大气中 CO_2 每增加 10%，地表平均温度就要升高 0.3℃，这是因为 CO_2 能吸收从地面辐射的热量的缘故，即所谓的“温室效应”。也有人发现，大气中 CO_2 的增加并不与气温增加相平行。说明气温的升高和降低，可能还受其他因素影响。

(3)空气中 CO_2 的浓度过高，影响动物的呼吸代谢，甚至导致呼吸代谢受阻，危及生存。

2. 氧的生态作用

大气中 O_2 主要源于植物的光合作用，少部分源于大气层的光解作用，即紫外线分解大气外层的水汽而分离出 O_2。高层大气中 O_2 在紫外线作用下，与高度活性的氧离子结合生成非活性的臭氧(O_3)，从而保护了地面生物免遭短波光的伤害。

CO_2 和 O_2 的平衡是生态系统中物质能否正常运转的重要影响因素。植物是环境中 CO_2 和 O_2 的主要调节器，它能吸收 CO_2，产生 O_2，能协调大气中 CO_2 和 O_2 的平衡。

(二)风与植物的生态关系

1. 风对植物生长发育的影响

风对植物水分平衡有重要作用，在很大程度上调节叶面的蒸腾。它能使叶肉细胞间的水分泄出，加强蒸腾作用，从而影响植物体的水分平衡，致使植物旱化和矮化。

强风还能形成畸形树冠。盛行一个强风方向的地方，植物常长成畸形，乔木树干向背风方向弯曲，树冠向背风面倾斜，形成所谓“旗形树”。原因在于树木向风面的芽受风袭击和过度蒸腾而死亡；背风面树芽影响较小，其枝叶生长较好。旗形树树叶数量远远少于正常发育同等大小的树木，光合总面积大大下降，严重影响树木的生产量和木材质量。长验树木由于长期遭受强风袭击，导致水分过度蒸腾，水分亏缺，致使树皮增厚，植株矮化，叶小坚硬等旱生特征。

2. 风对植物繁殖的影响

长期生活在强风盛行生境中的植物，经过自然选择作用，使那些能借风力传送花粉和种子的植物，在该生境条件下繁盛；如果无风，则繁殖受到阻碍，因而风成为风媒植物不可缺少的生态条件。风媒花植物靠风传播花粉，如松科、柏科、杨属、核桃等；许多植物靠风传播种子或果实，这些种子或果实或者很轻，如兰科、列当科的一些植物，其种子不超过 0.002mg；或者具冠毛，如菊科、杨柳科的一些植物，或者具翅翼，如榆属；在荒漠和草原地区常可见到“风滚型植物”，它们在种子成熟后整株折断，并随风传播种子；孢子植物的孢子非常小而且轻，也是靠风传播的。

3. 风的破坏作用

风对植物的破坏作用（指打断枝干、拔根等）的程度，主要取决于风速、风的阵发性、环境特点及植物种的特性，阵发性风的破坏力特别强，往往带来毁灭性的灾难。

4. 防风林的生态效应

防风林、风沙防护林、农田防护林的主要作用在于防风或防风兼防沙。通常防风林越高，它所影响的顺风距离和逆风距离越远；防风林越长，它影响越稳定，效果越好。

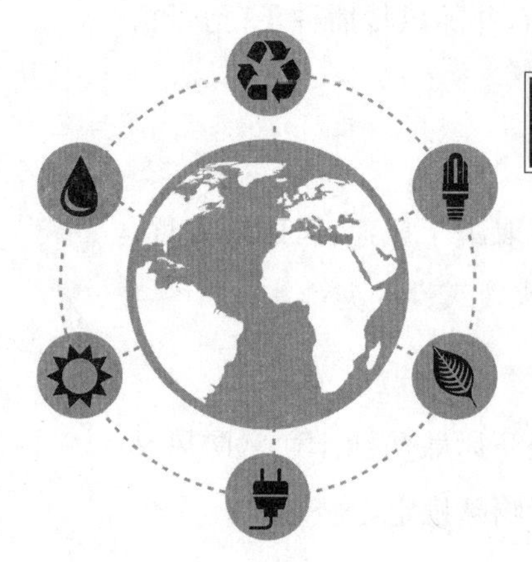

第五章

城市绿化建设常用抗污染植物的品种

第一节　绿化建设中的植物选择

植物不仅能防风固沙、保持水土、美化环境，而且对杀菌灭菌、净化环境、防治空气污染作用更为重要。正如林业谚语说“植物杀菌能力强，环境清新少病秧”“树木威力非常大，举起刀枪把菌杀”“植物吞毒又杀菌，杀的细菌满地滚”，这些都是人民群众在长期实践中总结出来的科学道理。目前，我国空气污染的范围非常广，对人类的威胁大。而引起空气污染的物质主要有粉尘、二氧化碳、硫化氢、一氧化碳、二氧化硫等。经研究，部分园林植物能起到杀菌、灭菌、净化环境和保护人类生存环境的重要作用。

一、绿化建设的植物选择

城市园林建设中树种选择必须坚持五项原则，即适地适树、生态优先、生物多样性、以乔木为主、选择具有抗性树种原则等。

（一）适地适树原则

适地适树指的是树木的生理性与造林地的立地条件相适应，培育城市园林的目的是要充分发挥它的生态、景观及文化等效能，追求的是生态、景观和文化等效益的最大发挥。

1. 所选树种必须能适应栽植地的立地条件

所选树种的生态学特性必须与栽植地的立地条件相适应，适地适树，必须对当地的自然条件有充分的了解，尤其要注意灾害性生态因子，如极端低温、极端高温、极端干旱等。同时城市的小环境又是高度人工化的，一般情况下，与同地区的自然条件相比，城市为林木生长所提供的环境条件要差一些。城市土壤的宜林性比自然土壤要差，因为在城市建设时，一般原生自然土壤被破坏，取而代之的是一些新土和渣土，土壤的通气透水性和养分状况都比不上自然土壤，且可供树木扎根的土壤少，有的地段地面有硬质铺装，施肥和灌溉困难，树木要承受强烈的热辐射；城市环境中存在的各种污染物可能对树木的生长产生影响，要掌握栽植地污染物的种类和污染程度，以便选择对主要污染物有较强抗性或有较强净化作用的树种；在充分掌握城市立地环境特点的基础上，对所选树种的生态学特性也必须有全面的认识，特别是要了解树种对当地灾害性气象因子的忍耐能力，不同树种的生态适应性不同，甚至同一树种的不同种源、品种和家系的生态适应能力都可能有很大的差异。

2. 所选树种本身对城市污染少

城市园林是城市各种污染物的主要净化者之一，是城市的环境卫士，但少数树木在生长发育过程中会产生一些污染物，可能危及人的身体健康或给人们的生活带来不便。树木的污染物主要有花粉、飞絮和特殊气味等。花粉病为世界性常见病，近年来，花粉病患者的数量有增加的趋势。因此，城市园林建设树种选择要高度重视树木本身可能带来的污染，确保在中心城区和游人常涉足的地方所栽植的树木是环保、少污染的。

（二）生态效益优先原则

树种选择要遵守生态效益优先原则。许多城市在选择树种时，过分强调景观效果而忽视生态效益，没有站在维护园林生态系统的稳定和持续高效的高度来选择树种。在城市环境问题日益严重的情况下，突出树种的环境效能已逐渐成为人们的共识。然而，树种选择如何更好地为生态环境服务是一个复杂的技术问题。首先，树木的生态效能不像景观效能那么直观，一般要经过观测研究后才能作出合理的评价。树木的生态功能是其重要的生物学特性之一，为了增强城市园林树种选择的科学性，必须加强对不同树木生态功能的研究，以便根据城市各功能区的环境特点和防护要求有针对性地选择树种。其次，园林的生态效益包括涵养水源、保持水土、防风固沙、滞尘减噪、吸收有毒气体等多个方面，多选树种要利于园林生态系统的形成和稳定，取得更好的防护效果。

（三）生物多样性原则

树种多样性是群落、物种、基因、景观多样性的基础。在适地适树的前提下，尽量使用多种植物栽培，乔、灌、藤、草本植物综合应用，比例协调，空间组合合理，形态色彩搭配错落有致。根据生态学原理，生物多样性还能促进生态系统的稳定性。大面积推广某一树种进行城市绿化，会造成物种多样性的降低。当然，树种组成越单一，管理就越简便，但是种类越单一，发生严重病虫害的可能性就越大。

（四）以乔木为主，乔、灌、藤、草相结合的原则

乔木是城市园林的主体，不论是生态功能上，或是艺术处理上，都能起到主导作用，一般应占到70%以上。在园林植物中，生态效益最大的是乔木树种，因为植物生态效益的大小在很大程度上取决于它的叶面积指数。经测算，在同等占地面积下，乔木树种的叶面积指数是灌木树种的2～4倍，是草坪植物的10倍以上。因此，在城市园林建设中，应建立以乔木树种为主体的植物群落。有些灌木具有很强的适应能力和很高的观赏价值，应适当配置。常可用它们来分割空间、防风遮阴、充当装饰各种建筑小品的背景，以及作为绿色屏障隐蔽不良景观等。草地可以覆盖裸露地表，防止水土流失和改善小气候条件，也是供人露天活动和休憩的场地，绿草如茵不仅给人愉快的美感，同时也给城市园林中的花草树木及山石建筑美的衬托。自然生长和人工栽培的草皮，是城市园林不可缺少的内容，但其比例要适当。

（五）选择具有一定抗性的树种

抗旱耐涝，适应性强，能吸附氮、磷；根系发达，能有效净化CO_2；繁殖迅速，耐涝，对污水中的有机物、氨、氮、磷酸盐及重金属有较高的除去率。耐旱能力强，花期长，观赏价值高，耐践踏，生长密度大，喜温润环境，耐阴性强，适应性强少病害，栽培及后期养护容易。

第二节　绿化建设中的抗性树种

抗性树种，又名抗逆性树种或功能性树种，是指对不良立地环境条件具有较强的适

应能力、忍耐能力或抗御能力的一些特殊性能的树种。如抗寒、抗旱、耐瘠薄、耐水涝、抗盐碱、抗风沙、抗病虫、抗环境污染等。凡具有这些优良性能的树种,绝大部分是由树种的遗传特性所决定,但也可以通过选种、育种、锻炼、驯化等技术手段培养出比原有特性更高更强的优良新品种。

抗性树种大体可以分为两类:一是人类利用这些树种的优良性能去改善不良的立地环境条件,使之更有利于人类生产和生活质量的提高。如改良土壤结构、提高土壤肥力、制止水土流失、固定沙地抑制扬尘、清洁水源保护水质等。二是利用这些树种的优良性能抵御外来不良因素对人类生存和健康的危害,保护原有良好的生态环境。如净化空气、减弱噪声、防烟除尘、吸收有毒气体降低离子辐射等。虽说两方面的功能作用不能截然划分,但就高速公路而言,用于改善立地环境条件的树种,应偏重布置于公路隔离网以外的地点,如防风固沙林、水土保持林、水源涵养林以及为巩固路基防止坍塌的各种灌丛和藤蔓植物的护路林、互通立交桥下的风景林、服务区休息区的观赏林、艺术林等。而在公路隔离网以内,如中央分隔带、路侧边坡、路缘空地等处所配置的树种,除绿化美化的作用之外,由于这些树种与频繁来往的机动车辆接触最为密切,为保证行车安全和司乘人员的身心健康,所选树种应偏重于具有较强净化空气、减弱噪音、吸附烟尘、抗御有毒气体功能的树种。

众所周知,地球上所有绿色植物,由于光合作用的需要,都是吸收二氧化碳气体同时又放出氧气的,因而所有植物均具有不断补充新鲜空气的功能,一般来说越是人烟稠密的地方绿化功能越显得十分重要,如果一个城镇没有任何的绿化植物,其空气的污浊程度是可想而知的。由于植物的光合作用主要部位在于叶片,所以植物的体积越大,叶片越多,吸收的二氧化碳气体越多,放出的氧气也就越多,单就植物制造氧气这一点来说,草本不如木本、灌木不如乔木,树冠稀疏的树种不如高大挺拔的树木。据测定,一个成人每日呼吸排出的二氧化碳约为 0.9kg,而一棵大树可以将 30 个人呼出的二氧化碳气体全部吸收,并放出大量的负氧离子供人吸收。所以在高速公路上只要不遮挡司机视线,保证行车安全,栽种的各种乔灌木越多越有利于空气的净化。

在高速公路上,各种机动车辆的来往无疑十分频繁且车速较快,由于轮胎与地面的摩擦、发动机特别是柴油发动机的震动、高音喇叭的鸣叫等,噪音是难以避免的,车辆行驶越快噪音越大,载重汽车越多噪音越强,如果噪音达到 88db(分贝)以上,人就会感到难以忍受,但树木的叶片因具有吸收、折射、降低、消除噪音的功能,因而树木越多,枝叶越密降低噪音的功能愈加明显。

在高速公路两侧，如有大型的厂矿企业，其所产生的粉尘、烟尘以及有毒的铅、汞等重金属离子会随风飘落至公路路面，当汽车经过时由于搅动空气而使这些路面的有害物质到处飞散。如公路两侧树种配置得当，就会减少外来烟尘落入公路路面的机会，而公路路面的树种又有吸附扬尘的作用，对公路路面的清洁卫生具有良好的作用。当大雨来临时，这些树木所吸附的扬尘即被雨水冲洗干净，随雨水流走，又可重新吸附扬尘。一般来说，凡树冠浓密、小枝众多、叶片粗糙、叶上有毛或分泌黏液的树种，吸附扬尘的能力越强，阔叶树较针叶树、叶片密集的较叶片稀疏的滞尘能力越显良好。如桧柏和刺槐相比，在相同条件下，桧柏的滞尘能力较刺槐约大 1 倍。资料显示，在阔叶树种中，滞尘能力较强的树种有银杏、榆树、朴树、楸树、木槿、构树、桑树、广玉兰、重阳木、女贞、大叶黄杨、刺槐、苦楝、奥精、三角枫、夹竹桃、丝棉木、紫薇、悬铃木、青桐、泡桐等。在高速公路上对人体最为有害的是汽车尾气，其次为汽油或柴油的滴漏，以及轮胎与地面摩擦所产生的废物。据测定在以汽油为燃料的机动车尾气中，铅化合物约占 2.1％、二氧化碳气体约占 0.295％、一氧化碳气体约占 16.9％、氮氧化物占 21.1％、碳氢化合物占 33.3％。而以柴油为燃料的载重汽车其尾气中上述有害物质则分别为 1.56％、3.24％、27.0％、44.4％和40.0％。

铅化合物在机动车排气中以微粒状颗粒随废气排出，这种物质如进入人体，可损害人体骨髓的造血系统和神经系统，对人的危害极大。近年来，由于强调无铅汽油的使用，目前铅对人的危害情况大有好转。

机动车尾气中的一氧化碳气体，如被人体吸收进入血液后，可与血液中的血红蛋白相结合，使血液失去输送氧气的功能，导致人体各器官组织因缺氧发生窒息，严重时可导致死亡。

机动车尾气中的碳氢化合物种类很多，可达百余种，大部分对人有害。如醛类中的甲醛和丙烯醛，多环芳烃中的苯并芘，不仅对人的眼、鼻和呼吸道黏膜有刺激性作用，而且苯并芘这种物质是一种强致癌性化合物，对人有极大的危害。机动车尾气中的氮氢化合物有两大类别：一类是一氧化氮气体；另一类是二氧化氮气体。前者为无色无味的气体，这种气体如进入人体可与血红蛋白相结合，造成体内缺氧，严重时能致人死亡。后者系棕色气体，并有特殊的刺激性气味，能与人体肺部的水分相结合，形成可溶性硝酸，引发肺气肿病症。

此外，如高速公路两侧有大量排放二氧化硫或氟化氢的大型厂矿企业，对高速公路的空气也会造成一定的污染和危害。所以在高速公路的绿化中，应针对路段的具体情况，着重选择那些对各种有毒气体能够强力吸收、吸附和抗御的环保树种，既要充分净化公路交通中的空气污染，保护司乘人员的身心健康，又要保证所设计的绿化树种不致因各种有毒气体的危害而呈现衰势或被迫死亡。

现将对某些有毒元素或气体具有较强抗性的特殊功能性树种介绍如下，供城市绿化建设参考。

(1)具有吸铅(Pb) 能力的树种：榆树、刺槐、悬铃木、石榴、女贞、大叶黄杨等。

(2)具有吸汞(Hg) 能力的树种：夹竹桃、棕榈、樱花、桑树、大叶黄杨、紫荆、广玉兰、月季、桂花、蜡梅、珊瑚树、八仙花等。

(3)具有吸收氯气(Cl_2) 和酸雾(HCl) 能力的树种：水杉、桧柏、龙柏、侧柏、麻栎、板栗、朴树、桃树、樱花、白玉兰、紫丁香、紫藤、构树、臭椿、冬青卫矛、丝绵木、海桐、青桐、柽柳、梓树、胡颓子、女贞、小叶女贞、君迁子、柿树、白蜡、法国冬青、银桦、悬铃木、棕榈、柑橘、夹竹桃、八仙花、木芙蓉、锦带花、栀子花、爬山虎等。

(4)具有抗苯能力的树种：喜树、梓树、桑树、无花果、棕榈、悬铃木、枫杨、苦楝、月季、接骨木等。

(5)具有抗二氧化氮气体(NO_2) 的树种：苏铁、龙柏、糙叶树、桂花、酸枣、枣树、桑树、构树、木槿、枫杨、旱柳、垂柳、榆叶梅、蚊母树、冬青卫矛、丝绵木、苦楝、构骨、桂花、接骨木、乌桕、夹竹桃等。

(6)具有抗氟(HF)能力的树种：雪松、落叶松、落羽杉、马尾松、油松、桧柏、龙柏、侧柏、加杨、垂柳、桑树、胡桃楸、香樟、银桦、白玉兰、山茶、月季、榆叶梅、梨、苹果、山楂、桃、葡萄、李子树、石楠、榉树、构树、臭椿、紫荆、皂角、梓树、青桐、泡桐、海桐、冬青卫矛、大叶黄杨、丝绵木、桉树、石榴、乌桕、蚊母树、白蜡、女贞、紫丁香、连翘、紫薇、黄连木、竹叶椒、假连翘、泡洞、夹竹桃、棕榈、凤尾兰、锦带花、五叶地锦等。

(7)具有抗二氧化硫(SO_2) 的树种：银杏、白皮松、桧柏、铅笔柏、龙柏、侧柏、日本柳杉、粗榧、毛白杨、加杨、垂柳、榔榆、光叶榉、麻栎、槲树、青冈栎、鹅掌楸、胡桃、构树、悬铃木、苹果、梨树、桃树、山楂、海棠、月季、合欢、皂角、刺槐、紫藤、紫穗槐、海桐、竹叶椒、柑橘、臭椿、无患子、栾树、黄连木、厚壳树、大叶黄杨、大叶冬青、三角枫、木槿、君迁子、白蜡、女贞、小叶女贞、小蜡、水蜡、紫丁香、迎春花、野桐、映山红、十大功劳、油茶、青桐、泡桐、法国冬青、八角金盘等。

第三节　具有抗污染能力的常见木本植物

木本植物(woody plant)是指根和茎因增粗生长形成大量的木质部,而细胞壁也多数木质化的坚固的植物。植物体木质部发达,茎坚硬,多年生。木本植物是木材的来源,均为多年生植物。另外,除买麻藤纲外所有裸子植物均属于木本植物。木本植物因植株高度及分枝部位等不同,可分为三种:

乔木(tree)。高大直立,高达5.5m以上的树木。主干明显,分枝部位较高,如松、杉、枫杨、樟等,有常绿乔木和落叶乔木之分。

灌木(shrub)。比较矮小,高在5m以下的树木,分枝靠近茎的基部,如茶、月季、木槿等,有常绿灌木及落叶灌木之分。

半灌木(亚灌木 sub-shrub)。植物多年生,仅茎的基部木质化,而上部为草质,冬季枯萎,如牡丹。

一、乔木树种

银杏(*Ginkgo biloba* L.)

形态特征:是银杏科、银杏属植物。乔木,幼树树皮浅纵裂,大树之皮呈灰褐色,深纵裂,粗糙;幼年及壮年树冠圆锥形,老则广卵形。叶扇形,有长柄,淡绿色,无毛,有多数叉状并列细脉,在短枝上常具波状缺刻,在长枝上常2裂,基部宽楔形。球花雌雄异株,单性,生于短枝顶端的鳞片状叶的腋内,呈簇生状;雄球花柔荑花序状,下垂。种子具长梗,下垂,常为椭圆形、长倒卵形、卵圆形或近圆球形。

生长习性:银杏为中生代孑遗的稀有树种,系中国特产,仅浙江天目山有野生状态的树木,生于海拔500~1000m、酸性(pH为5~5.5)黄壤、排水良好地带的天然林中,常与柳杉、榧树、蓝果树等针阔叶树种混生,生长旺盛。朝鲜、日本及欧美各国庭园均有栽培。

用途:银杏为速生珍贵的用材树种,边材淡黄色,心材淡黄褐色,结构细,质轻软,富弹性,易加工,有光泽,比重0.45~0.48,不易开裂,不反挠,为优良木材,供建筑、家具、室内装饰、雕刻、绘图版等用。种子供食用(多食易中毒)及药用。叶可作药用和制杀虫剂,亦可作肥料。种子的肉质外种皮含白果酸、白果醇及白果酚,有毒。树皮含单宁。银杏树形优美,春夏季叶色嫩绿,秋季变成黄色,颇为美观,可作庭园树及行道树。

银杏具有很强的耐烟尘、抗吸二氧化碳、二氧化硫等毒气的能力,适宜作行道树和庭院栽植。

国槐(*Sophora japonica* Linn.)

形态特征:别名中国槐、白槐、槐花树。蝶形花科植物。落叶乔木,树姿美丽,为绿化庭院及行道的优良树种。树型高大,羽状复叶。圆锥花序顶生,常呈金字塔形,长达30cm;花梗比花萼短;小苞片2枚,形似小托叶;花萼浅钟状,长约4mm,萼齿5,近等大,圆形或钝三角形,被灰白色短柔毛,萼管近无毛;花冠白色或淡黄色,旗瓣近圆形,长和宽约11mm,具短柄,有紫色脉纹,先端微缺,基部浅心形,翼瓣卵状长圆形,长10mm,宽4mm,先端浑圆,基部斜戟形,无皱褶,龙骨瓣阔卵状长圆形,与翼瓣等长,宽达6mm;雄蕊近分离,宿存;子房近无毛。荚果串珠状,长2.5～5cm或稍长,径约10mm,种子间缢缩不明显,种子排列较紧密,具肉质果皮,成熟后不开裂,具种子1～6粒;种子卵球形,淡黄绿色,干后黑褐色。花期6—7月,果期8—10月。

生长习性:性耐寒,喜阳光,稍耐阴,不耐阴湿而抗旱,在低洼积水处生长不良,深根,对土壤要求不严,较耐瘠薄,石灰及轻度盐碱地(含盐量0.15%左右)上也能正常生长。但在湿润、肥沃、深厚、排水良好的沙质土壤上生长最佳。耐烟尘,能适应城市街道环境。病虫害不多。寿命长,耐烟毒能力强。甚至在山区缺水的地方都可以成活得很好。

用途:花为淡黄色,可烹调食用,也可作中药或染料。未开槐花俗称"槐米",是一种中药。花期在夏末,和其他树种花期不同,是一种重要的蜜源植物。花和荚果入药,有清凉收敛、止血降压作用;叶和根皮有清热解毒作用,可治疗疮毒;木材供建筑用;种仁含淀粉,可供酿酒或作糊料、饲料;皮、枝叶、花蕾、花及种子均可入药。

树的枝叶可抗二氧化碳、氟化氢、氯气、氯化氢等多种有毒气体。其叶还可分泌一种杀菌力很强的杀菌素,可杀死一定范围内的细菌。

臭椿(*Ailanthus altissima*)

形态特征:苦木科、臭椿属落叶乔木,树皮平滑而有直纹;嫩枝有髓,幼时被黄色或黄褐色柔毛,后脱落。叶为奇数羽状复叶,长40～60cm,叶柄长7～13cm,有小叶13～27cm;小叶对生或近对生,纸质,卵状披针形,长7～13cm,宽2.5～4cm,先端长尖,基部偏斜,截形或稍圆,两侧各具1或2个粗锯齿,齿背有腺体1个,叶面深绿色,背面灰绿色,揉碎后具臭味。圆锥花序长10～30cm;花淡绿色,花梗长1～2.5mm;萼片5,覆瓦状排列,裂片长0.5～1mm;花瓣5片,长2～2.5mm,基部两侧被硬粗毛;雄蕊10枚,花丝基部密被硬粗毛,雄花中的花丝长于花瓣,雌花中的花丝短于花瓣;花药长圆形,长约1mm;心皮5,花柱黏合,柱头5裂。翅果长椭圆形,长3～4.5cm,宽1～1.2cm;种子位于翅的中间，扁圆形。花期 4—5 月，果期 8—10 月。

生长习性：喜光，不耐阴。适应性强，除黏土外，各种土壤和中性、酸性及钙质土都能生长，适生于深厚、肥沃、湿润的沙质土壤。耐寒，耐旱，不耐水湿，长期积水会烂根死亡。深根性。在年平均气温 7～19℃、年降雨量 400～2000mm 范围内生长正常；年平均气温 12～15℃、年降雨量 550～1200mm 范围内最适生长。产各地，为阳性树种，喜生于向阳山坡或灌丛中，村庄家前屋后多栽培，常植为行道树。对土壤要求不严，但在重黏土和积水区生长不良。

用途：耐微碱，pH 的适宜范围为 5.5～8.2。对中性或石灰性土层深厚的壤土或沙壤土适宜。对氯气抗性中等，对氟化氢及二氧化硫抗性强。生长快，根系深，萌芽力强。叶揉搓后有臭味。枝叶发出的臭椿气味和分泌的臭椿素，具有较强的抗二氧化硫、二氧化碳、氯化氢、氯气、硝酸雾等有毒气体的特性，对粉尘、烟尘的抗性也很强，在二氧化硫或氯气污染严重的环境中，臭椿能生长良好。臭椿可作为大气污染严重地区净化空气的优良树种。臭椿的树皮、树叶含有皂素、单宁，将臭椿树皮、树叶浸泡在粪池里，可以吸收粪池中的硫化氢，从而减轻粪池的臭味，避免空气污染。

楝树（*Melia azedarach* L.）

形态特征：楝科、楝属落叶乔木，高达 10 余米；树皮灰褐色，纵裂。分枝广展，小枝有叶痕。叶为 2～3 回奇数羽状复叶，长 20～40cm；小叶对生，卵形、椭圆形至披针形，顶生一片通常略大，长 3～7cm，宽 2～3cm，先端短渐尖，基部楔形或宽楔形，多少偏斜，边缘有钝锯齿，幼时被星状毛，后两面均无毛，侧脉每边 12～16 条，广展，向上斜举。圆锥花序约与叶等长，无毛或幼时被鳞片状短柔毛；花芳香；花萼 5 深裂，裂片卵形或长圆状卵形，先端急尖，外面被微柔毛；花瓣淡紫色，倒卵状匙形，长约 1cm，两面均被微柔毛，通常外面较密；雄蕊管紫色，无毛或近无毛，长 7～8mm，有纵细脉，管口有钻形、2～3 齿裂的狭裂片 10 枚，花药 10 枚，着生于裂片内侧，且与裂片互生，长椭圆形，顶端微凸尖；子房近球形，5～6 室，无毛，每室有胚珠 2 颗，花柱细长，柱头头状，顶端具 5 齿，不伸出雄蕊管。核果球形至椭圆形，长 1～2cm，宽 8～15mm，内果皮木质，4～5 室，每室有种子 1 颗；种子椭圆形。花期 4—5 月，果期 10—12 月。

生长习性：喜温暖湿润气候，耐寒、耐碱、耐瘠薄。适应性较强。以上层深厚、疏松肥沃、排水良好、富含腐殖质的沙质壤土栽培为宜。苦楝喜温暖湿润、雨量充沛，年平均温度为 12～20℃，造林地一般在海拔 800m 以下。在海拔 200m 左右丘陵区，土层深厚、通气、排水良好的酸性土壤上生长也不错，凡属酸性或微酸性土类上，如红壤土、黄壤土、沙壤土、黑沙土及其他类型的填方土等，土质疏松、土层深厚、水分充足、排水良好的地方，均适宜栽种苦楝。

用途：楝树既能抗吸二氧化硫、氟化氢、氧化氢等有毒气体，又可防治12种严重的农业病虫害，被称为无污染的植物杀虫剂。楝树的根、叶、花、果、树皮有杀虫作用，可作为土农药。适于庭院、公园或公路、街道的行道树。

泡桐(*Paulownia fortunei*)

形态特征：玄参科、泡桐属落叶乔木，树皮灰色、灰褐色或灰黑色，幼时平滑，老时纵裂。假二杈分枝。单叶，对生，叶大，卵形，全缘或有浅裂，具长柄，柄上有绒毛。花大，淡紫色或白色，顶生圆锥花序，由多数聚伞花序复合而成。花萼钟状或盘状，肥厚，5深裂，裂片不等大。花冠钟形或漏斗形，上唇2裂，反卷，下唇3裂，直伸或微卷；雄蕊4枚，2长2短，着生于花冠筒基部；雌蕊1枚，花柱细长。蒴果卵形或椭圆形，熟后背缝开裂。种子多数为长圆形，小而轻，两侧具有条纹的翅。

生长习性：喜光，较耐阴，喜温暖气候，耐寒性不强，对黏重瘠薄土壤有较强适应性。幼年生长极快，是速生树种。在土壤肥沃、深厚、湿润但不积水的阳坡山场或平原、岗地、丘陵、山区栽植，均能生长良好。是一种速生树种。

用途：树冠扩展，叶大枝疏，具有较强的抗风能力。据测定，每平方米泡桐叶片可吸附粉尘20～70g，其树叶可吸收氟化氢、臭氧、二氧化碳及烟雾，是厂矿绿化、抗污染和防止污染物扩散的好树种。此外，泡桐的根可吸收碱性物质，是净化土壤的良好树种。

柳杉(*Cryptomeria fortunei* Hooibrenk ex Otto et Dietr)

形态特征：杉科、柳杉属常绿乔木，树皮红棕色，纤维状，裂成长条片脱落；大枝近轮生，平展或斜展；小枝细长，常下垂，绿色，枝条中部的叶较长，常向两端逐渐变短。叶钻形略向内弯曲，先端内曲，四边有气孔线，长1～1.5cm。果枝的叶通常较短，有时长不及1cm，幼树及萌芽枝的叶长达2.4cm。雄球花单生叶腋，长椭圆形，长约7mm，集生于小枝上部，成短穗状花序状；雌球花顶生于短枝上。球果圆球形或扁球形，径1.2～2cm，多为1.5～1.8cm；种鳞20左右，上部有4～5(很少6～7)短三角形裂齿，齿长2～4mm，基部宽1～2mm，鳞背中部或中下部有一个三角状分离的苞鳞尖头，尖头长3～5mm，基部宽3～14mm，能育的种鳞有2粒种子；种子褐色，近椭圆形，扁平，长4～6.5mm，宽2～3.5mm，边缘有窄翅。花期4月，球果10月成熟。

生长习性：中等喜光；喜欢温暖湿润、云雾弥漫、夏季较凉爽的山区气候；喜深厚肥沃的沙质壤土，忌积水。生于海拔400～2500m的山谷边，山谷溪边潮湿林中，山坡林中，并有栽培。柳杉幼龄能稍耐阴，在温暖湿润的气候和土壤酸性、肥厚而排水良好的山地，生长较快；在寒凉较干、土层瘠薄的地方生长不良。柳杉根系较浅，侧根发达，主根不明显，抗风力差。对二氧化硫、氯气、氟化氢等有较好的抗性。

用途：据测定，每千克干物质柳杉树叶，每月可吸收二氧化硫 3g，每公顷柳杉林着生干叶 20t，每月可吸收二氧化硫 60kg，全年可达 720kg。可见柳杉吸收二氧化硫的肚量之大。

枇杷[*Eriobotrya japonica* (Thunb.) Lindl.]

形态特征：蔷薇科、枇杷属常绿小乔木，高可达 10m；小枝粗壮，黄褐色，密生锈色或灰棕色绒毛。叶片革质，披针形、倒披针形、倒卵形或椭圆长圆形，长 12～30cm，宽 3～9cm，先端急尖或渐尖，基部楔形或渐狭成叶柄，上部边缘有疏锯齿，基部全缘，上面光亮，多皱，下面密生灰棕色绒毛，侧脉 11～21 对；叶柄短或几无柄，长 6～10mm，有灰棕色绒毛；托叶钻形，长 1～1.5cm，先端急尖，有毛。圆锥花序顶生，长 10～19cm，具多花；总花梗和花梗密生锈色绒毛；花梗长 2～8mm；苞片钻形，长 2～5mm，密生锈色绒毛；花直径 12～20mm；萼筒浅杯状，长 4～5mm，萼片三角卵形，长 2～3mm，先端急尖，萼筒及萼片外面有锈色绒毛；花瓣白色，长圆形或卵形，长 5～9mm，宽 4～6mm，基部具爪，有锈色绒毛；雄蕊 20 枚，远短于花瓣，花丝基部扩展；花柱 5，离生，柱头状，无毛，子房顶端有锈色柔毛，5 室，每室有 2 胚珠。果实球形或长圆形，直径 2～5cm，黄色或橘黄色，外有锈色柔毛，不久脱落；种子 1～5 颗，球形或扁球形，直径 1～1.5cm，褐色，光亮，种皮纸质。

生长习性：枇杷适宜温暖湿润的气候，在生长发育过程中要求较高温度，年平均温度 12～15℃，冬季不低于－5℃，花期及幼果期不低于 0℃为宜。其主要产区年平均雨量多在 1000mm 以上，但春季雨水过多，易使枝条徒长，故在多雨地区适宜在排水良好的缓坡山地生长。枇杷对土壤适应性强，但以土层深厚、土质疏松、含腐殖质多、保水保肥力强而又不易积水，pH 为 6 左右的沙质壤土为佳。由于平原及缓坡山地均可生长，所以适宜山地和丘陵生长。

用途：枇杷是美丽观赏树木和果树。具有润肺、止咳、健胃、清热的功效。叶晒干去毛，可供药用，有化痰止咳，和胃降气之效。同时树姿优美，花、果色泽艳丽，是优良绿化树种和蜜源植物。木材红棕色，可作木梳、手杖、农具柄等用。枇杷的枝叶有较强的抗污染能力，树木有抵抗和吸附二氧化硫、氯气、氯化氢、臭氧、粉尘等多种有毒气体和醛、酮类以及致癌物质的能力，其幼嫩枝叶的分泌液具有较强的杀菌、净化空气的效益。

马尾松(*Pinus massoniana* Lamb.)

形态特征：松科、松属常绿乔木。乔木，树皮红褐色，下部灰褐色，裂成不规则的鳞状块片；枝平展或斜展，树冠宽塔形或伞形，枝条每年生长一轮，但在广东南部则通常生长两轮，淡黄褐色，无白粉，稀有白粉，无毛；冬芽卵状圆柱形或圆柱形，褐色，顶端尖，芽鳞边缘丝状，先端尖或成渐尖的长尖头，微反曲。针叶 2 针一束，稀 3 针一束，长 12～20cm，细柔，微扭曲，两面有气孔线，边缘有细锯齿；横切面皮下层细胞单型，第一层连续排列，第二层由个别细胞断续排列而成，树脂道 4～8 个，在背面边生，或腹面也有 2 个边生；叶鞘初呈褐色，后渐变成灰黑色，宿存。雄球花淡红褐色，圆柱形，弯垂，长 1～1.5cm，聚生于新枝下部苞腋，穗状，长 6～15cm；雌球花单生或 2～4 个聚生于新枝近顶端，淡紫红色，一年生小球果圆球形或卵圆形，径约 2cm，褐色或紫褐色，上部珠鳞的鳞脐具向上直立的短刺，下部珠鳞的鳞脐平钝无刺。球果卵圆形或圆锥状卵圆形，长 4～7cm，径 2.5～4cm，有短梗，下垂，成熟前绿色，熟时栗褐色，陆续脱落；中部种鳞近矩圆状倒卵形，或近长方形，长约 3cm；鳞盾菱形，微隆起或平，横脊微明显，鳞脐微凹，无刺，生于干燥环境者常具极短的刺；种子长卵圆形，长 4～6mm，连翅长 2～2.7cm；子叶 5～8 枚；长 1.2～2.4cm；初生叶条形，长 2.5～3.6cm，叶缘具疏生刺毛状锯齿。花期 4—5 月，球果第二年 10—12 月成熟。

生长习性：阳性树种，不耐庇荫，喜光、喜温。适生于年均温 13～22℃，年降水量 800～1800mm，绝对最低温度不到－10℃。根系发达，主根明显，有根菌。对土壤要求不严格，喜微酸性土壤，但怕水涝，不耐盐碱，在石砾土、沙质土、黏土、山脊和阳坡的冲刷薄地上，以及陡峭的石山岩缝里都能生长。

用途：重要的用材树种，也是荒山造林的先锋树种。其经济价值高，用途广，松木是工农业生产上的重要用材，主要供建筑、枕木、矿柱、制板、包装箱、家具及木纤维工业（人造丝浆及造纸）原料等用。树干可割取松脂，为医药、化工原料。根部树脂含量丰富；树干及根部可培养茯苓、蕈类，供中药及食用，树皮可提取栲胶。

马尾松的针叶和树干分泌出的松脂容易被氧化，放出臭氧，低浓度的臭氧能清新空气，并对肺结核患者的治疗有辅助作用。低浓度的臭氧进入水中，不仅能杀死引起结肠炎、肠炎的病菌和病毒，还具有极强的吸收二氧化碳和二氧化硫的能力，可使周围的空气始终保持清新。

侧柏[*Platycladus orientalis* (L.) Franco]

形态特征：别名柏木、柏。侧柏是乔木，高达 20 余米，胸径 1m；树皮薄，浅灰褐色，纵裂成条片；枝条向上伸展或斜展，幼树树冠卵状尖塔形，老树树冠则为广圆形；生鳞叶的小枝细，向上直展或斜展，扁平，排成一平面。叶鳞形，长 1～3mm，先端微钝，小枝中央叶的露出部分呈倒卵状菱形或斜方形，背面中间有条状腺槽，两侧的叶船形，先端微内曲，背部有钝脊，尖头的下方有腺点。雄球花黄色，卵圆形，长约2mm；雌球花近球形，径约2mm，蓝绿色，被白粉。球果近卵圆形，长1.5～2(～2.5)cm，成熟前近肉质，蓝绿色，被白粉，成熟后木质，开裂，红褐色；中间两对种鳞倒卵形或椭圆形，鳞背顶端的下方有一向外弯曲的尖头，上部1对种鳞窄长，近柱状，顶端有向上的尖头，下部1对种鳞极小，长达13mm，稀退化而不显著。种子卵圆形或近椭圆形，顶端微尖，灰褐色或紫褐色，长6～8mm，稍有棱脊，无翅或有极窄之翅。花期3—4月，球果10月成熟。

生长习性：喜光，幼时稍耐阴，适应性强，对土壤要求不严，在酸性、中性、石灰性和轻盐碱土壤中均可生长。耐干旱瘠薄，萌芽能力强，耐寒力中等，耐强太阳光照射，耐高温、浅根性。抗风能力较弱。侧柏栽培、野生均有。喜生于湿润肥沃排水良好的钙质土壤耐寒、耐旱、抗盐碱，在平地或悬崖峭壁上都能生长；在干燥、贫瘠的山地上，生长缓慢，植株细弱。

用途：是较好的城镇庭院绿化、观赏树种。由于侧柏能吸收二氧化碳和氯气等有毒气体，适宜栽植在城镇及矿区内，净化空气，保持身心健康。抗烟尘，抗二氧化硫、氯化氢等有害气体，分布广，为中国应用最普遍的观赏树木之一。

榆树(*Ulmus pumila* L.)

形态特征：别名榆、白榆、家榆。榆科、榆属，落叶乔木，高达25m，胸径1m，在干瘠之地长成灌木状；幼树树皮平滑，灰褐色或浅灰色，大树之皮暗灰色，不规则深纵裂，粗糙；小枝无毛或有毛，淡黄灰色、淡褐灰色或灰色，稀淡褐黄色或黄色，有散生皮孔，无膨大的木栓层及凸起的木栓翅；冬芽近球形或卵圆形，芽鳞背面无毛，内层芽鳞的边缘具白色长柔毛。叶椭圆状卵形、长卵形、椭圆状披针形或卵状披针形，长2～8cm，宽1.2～3.5cm，先端渐尖或长渐尖，基部偏斜或近对称，一侧楔形至圆，另一侧圆至半心脏形，叶面平滑无毛，叶背幼时有短柔毛，后变无毛或部分脉腋有簇生毛，边缘具重锯齿或单锯齿，侧脉每边9～16条，叶柄长4～10mm，通常仅上面有短柔毛。花先叶开放，在生枝的叶腋成簇生状。翅果近圆形，稀倒卵状圆形，长1.2～2cm，除顶端缺口柱头面被毛外，余处无毛，果核部分位于翅果的中部，上端不接近或接近缺口，成熟前后其色与果翅相同，初淡绿色，后白黄色，宿存花被无毛，4浅裂，裂片边缘有毛，果梗较花被为短，长1～2mm，被(或稀无)短柔毛。花果期3—6月。

生长习性：阳性树种，喜光，耐旱，耐寒，耐瘠薄，不择土壤，适应性很强。根系发达，抗风力、保土力强。萌芽力强耐修剪。生长快，寿命长。能耐干冷气候及中度盐碱，但不耐水湿(能耐雨季水涝)。具抗污染性,叶面滞尘能力强。在土壤肥沃、排水良好的冲积土及黄土高原生长良好。

用途:是城市绿化、行道树、庭荫树、工厂绿化、营造防护林的重要树种。以果实(榆钱)、树皮、叶、根入药。可抗二氧化碳、氯、氟等有毒气体。树叶表面粗糙,滞尘能力强,每平方米叶片可吸附粉尘 10g 以上。此外,还具有净化水源的作用。

桃树(*Amygdalus persica* L.)

形态特征:蔷薇科、桃属落叶小乔木。树冠宽广而平展;树皮暗红褐色,老时粗糙呈鳞片状;小枝细长,无毛,有光泽,绿色,向阳处转变成红色,具大量小皮孔;冬芽圆锥形,顶端钝,外被短柔毛,常 2～3 个簇生,中间为叶芽,两侧为花芽。叶片长圆披针形、椭圆披针形或倒卵状披针形,长 7～15cm,宽 2～3.5cm,先端渐尖,基部宽楔形,上面无毛,下面在脉腋间具少数短柔毛或无毛,叶边具细锯齿或粗锯齿,齿端具腺体或无腺体;叶柄粗壮,长 1～2cm,常具一至数枚腺体,有时无腺体。花单生,先于叶开放,直径 2.5～3.5cm;花梗极短或几无梗;萼筒钟形,被短柔毛,稀几无毛,绿色而具红色斑点;萼片卵形至长圆形,顶端圆钝,外被短柔毛;花瓣长圆状椭圆形至宽倒卵形,粉红色,罕为白色;雄蕊 20～30 枚,花药绯红色;花柱几与雄蕊等长或稍短;子房被短柔毛。果实形状和大小均有变异,卵形、宽椭圆形或扁圆形,直径(3～)5～7(～12)cm,长几乎与宽相等,色泽变化由淡绿白色至橙黄色,常在向阳面具红晕,外面密被短柔毛,稀无毛,腹缝明显,果梗短而深入果洼;果肉白色、浅绿白色、黄色、橙黄色或红色,多汁有香味,甜或酸甜;核大,离核或粘核,椭圆形或近圆形,两侧扁平,顶端渐尖,表面具纵、横沟纹和孔穴;种仁味苦,稀味甜。花期 3—4 月,果实成熟期因品种而异,通常为 8—9 月。

生长习性:桃是喜光性小乔木,芽具有早熟性,萌芽力强,成枝力高,新梢在一年中多次生长,可抽生 2～3 次枝,幼年旺树甚至可长 4 次枝,干性弱,中心杆自然生长的情况下,2 年后自动消失;层性不明显,树冠较低,分枝级数多,叶面积大,进入结果期早,5～15 年为结果盛期,15 年后开始衰退,桃树的寿命长短,与选用的砧木类别、环境条件和栽培管理水平有着较为密切的关系。

用途:是一种果实作为水果的落叶小乔木,花可以观赏,对污染环境的硫化物、氯化物等特别敏感。因此,可用来监测上述有害物质。

石榴树(*Punica granatum* L.)

形态特征:石榴科、石榴属落叶乔木或灌木。石榴是落叶灌木或小乔木,在热带是常绿树。树冠丛状自然圆头形。树根黄褐色。生长强健,根际易生根蘖。树高可达 5～7m,

一般3～4m，但矮生石榴仅高约1m或更矮。树干呈灰褐色，上有瘤状突起，干多向左方扭转。树冠内分枝多，嫩枝有棱，多呈方形。小枝柔韧，不易折断。一次枝在生长旺盛的小枝上交错对生，具小刺。刺的长短与品种和生长情况有关。旺树多刺，老树少刺。芽色随季节而变化，有紫、绿、橙三色。叶对生或簇生，呈长披针形至长圆形，或椭圆状披针形，长2～8cm，宽1～2cm，顶端尖，表面有光泽，背面中脉凸起；有短叶柄。花两性，依子房发达与否，有钟状花和筒状花之别，前者子房发达善于受精结果，后者常凋落不实；一般1朵至数朵着生在当年新梢顶端及顶端以下的叶腋间；萼片硬，肉质，管状，5～7裂，与子房连生，宿存；花瓣倒卵形，与萼片同数而互生，覆瓦状排列。花有单瓣、重瓣之分。重瓣品种雌雄蕊多瓣花而不孕，花瓣多达数十枚；花多红色，也有白色和黄、粉红、玛瑙等色。雄蕊多数，花丝无毛。雌蕊具花柱1个，长度超过雄蕊，心皮4～8，子房下位。成熟后变成大型而多室、多子的浆果，每室内有多数子粒；外种皮肉质，呈鲜红、淡红或白色，多汁，甜而带酸，即为可食用的部分；内种皮为角质，也有退化变软的，即软籽石榴。果石榴花期5—6月，榴花似火，果期9—10月。花石榴花期5—10月。

生长习性：喜温暖向阳的环境，耐旱、耐寒，也耐瘠薄，不耐涝和荫蔽。对土壤要求不严，但以排水良好的夹沙土栽培为宜。

用途：抗污染面较广，它能吸收二氧化硫，对氯气、氯化氢、臭氧、水杨酸、二氧化氮、硫化氢等都有吸收和抵御作用。

梅（*Armeniaca mume* Sieb.）

形态特征：蔷薇科、杏属落叶乔木，树皮浅灰色或带绿色，平滑；小枝绿色，光滑无毛。叶片卵形或椭圆形，长4～8cm，宽2.5～5cm，先端尾尖，基部宽楔形至圆形，叶边常具小锐锯齿，灰绿色，幼嫩时两面被短柔毛，成长时逐渐脱落，或仅下面脉腋间具短柔毛；叶柄长1～2cm，幼时具毛，老时脱落，常有腺体。花单生或有时2朵同生于一芽内，直径2～2.5cm，香味浓，先于叶开放；花梗短，长1～3mm，常无毛；花萼通常红褐色，但有些品种的花萼为绿色或绿紫色；萼筒宽钟形，无毛或有时被短柔毛；萼片卵形或近圆形，先端圆钝；花瓣倒卵形，白色至粉红色；雄蕊短或稍长于花瓣；子房密被柔毛，花柱短或稍长于雄蕊。果实近球形，直径2～3cm，黄色或绿白色，被柔毛，味酸；果肉与核粘贴；核椭圆形，顶端圆形而有小突尖头，基部渐狭成楔形，两侧微扁，腹棱稍钝，腹面和背棱上均有明显纵沟，表面具蜂窝状孔穴。花期冬春季，果期5—6月。

生长习性：适应性强，喜温暖、耐酷暑。梅花对土壤的要求，以土层深厚、地下水位低、排水条件好、表土疏松、底土稍带黏质的土壤为好。土层浅或土壤过于疏松，梅树易受旱害;保水力过强的黏重土,梅树易烂根。土壤酸碱度以微酸性最适(即 pH 为 6 左右),但梅花也能在微碱土或瘠薄土中生长。梅花忌积水,在排水不良的土壤中生长不良,积水数日则叶黄根腐致死。梅花喜阳光,荫蔽则生长不良且开花稀少。梅花喜较高的空气湿度,但也耐干燥,故在我国南、北均可栽培。

用途:对环境中二氧化硫、氟化氢、硫化氢、乙烯、苯、醛等的污染都有监测能力。一旦环境中出现硫化物,它的叶片上就会出现斑纹,甚至枯黄脱落。这便是向人们发出的警报。

桂花(*Osmanthus* sp.)

形态特征:木犀科、木犀属常绿灌木或小乔木。树皮灰褐色。小枝黄褐色,无毛。叶片革质,先端渐尖,基部渐狭呈楔形或宽楔形,全缘或通常上半部具细锯齿,两面无毛,腺点在两面连成小水泡状突起,中脉在上面凹入,下面凸起,侧脉 6~8 对,多达 10 对,在上面凹入,下面凸起;叶柄无毛。聚伞花序簇生于叶腋,或近于帚状,每腋内有花多朵;苞片宽卵形,质厚,无毛;花梗细弱无毛;花极芳香;花萼长约 1mm,裂片稍不整齐;花冠黄白色、淡黄色、黄色或橘红色,长 3~4mm,花冠管仅长 0.5~1mm;雄蕊着生于花冠管中部,花丝极短,长约 0.5mm,花药长约 1mm,药隔在花药先端稍延伸呈不明显的小尖头;雌蕊长约 1.5mm,花柱长约 0.5mm。果歪斜,椭圆形,长 1~1.5cm,呈紫黑色。花期 9—10 月上旬,果期翌年 3 月。

生长习性:桂花喜温暖,抗逆性强,既耐高温,也较耐寒。桂花较喜阳光,亦能耐阴,在全光照下其枝叶生长茂盛,开花繁密,在阴处生长枝叶稀疏、花稀少。桂花性好湿润,切忌积水,但也有一定的耐干旱能力。桂花对土壤的要求不太严,除碱性土和低洼地或过于黏重、排水不畅的土壤外,一般均可生长,但以土层深厚、疏松肥沃、排水良好的微酸性沙质壤土最为适宜。桂花适宜栽植在通风透光的地方,对氯气、二氧化硫、氟化氢等有害气体都有一定的抗性,还有较强的吸滞粉尘的能力,常被用于城市及工矿区。

用途:桂花是中国传统十大名花之一,集绿化、美化、香化于一体的观赏与实用兼备的优良园林树种,桂花清可绝尘,浓能远溢,堪称一绝。尤其是中秋时节,丛桂怒放,夜静轮圆之际,把酒赏桂,陈香扑鼻,令人神清气爽。对化学烟雾有特殊的抵抗能力,对氯化氢、硫化氢、苯酚等污染物有不同程度的抵抗性,在氯污染区种植 48 天后,1kg 叶片可吸收氯 4.8g。它还能吸收汞蒸气。

山茶(*Camellia japonica* L.)

形态特征:山茶科、山茶属植物,小乔木或灌木。嫩枝无毛。叶革质,椭圆形,先端略尖,或急短尖而有钝尖头,基部阔楔形,上面深绿色,干后发亮,无毛,下面浅绿色,无毛,侧脉7～8对,在上下两面均能见,边缘有相隔2～3.5cm的细锯齿。叶柄长8～15mm,无毛。花顶生,红色,无柄;苞片及萼片约10片,组成长2.5～3cm的杯状苞被,半圆形至圆形,长4～20mm,外面有绢毛,脱落;花瓣6～7片,外侧2片近圆形,几离生,长2cm,外面有毛,内侧5片基部连生约8mm,倒卵圆形,长3～4.5cm,无毛;雄蕊3轮,长2.5～3cm,外轮花丝基部连生,花丝管长1.5cm,无毛;内轮雄蕊离生,稍短,子房无毛,花柱长2.5cm,先端3裂。蒴果圆球形,直径2.5～3cm,2～3室,每室有种子1～2个,3片裂开,果片厚木质。花期1—4月。

生长习性:茶花惧风喜阳,适宜地势高爽、空气流通、温暖湿润、排水良好、疏松肥沃的沙质壤土,黄土或腐殖土。pH为5.5～6.5最佳。适温在20～32 ℃之间,29℃以上时停止生长,35 ℃时叶子会有焦灼现象,要求有一定温差。环境湿度70%以上,大部分品种可耐- 8 ℃低温,在淮河以南地区一般可自然越冬,喜酸性土壤,并要求较好的透气性。

用途:各地广泛栽培,茶花花色品种繁多,花大多数为红色或淡红色,亦有白色,多为重瓣。能抗御二氧化硫、氯化氢、铬酸和硝酸烟雾等有害物质的侵害,对大气有净化作用。

二、灌木树种

夹竹桃(*Nerium oleander* L.)

形态特征:常绿直立大灌木,枝条灰绿色,含水液;嫩枝条具棱,被微毛,老时毛脱落。叶3～4枚轮生,下枝为对生,窄披针形,顶端急尖,基部楔形,叶缘反卷,叶面深绿,无毛,叶背浅绿色,有多数洼点,幼时被疏微毛,老时毛渐脱落;中脉在叶面陷入,在叶背凸起,侧脉两面扁平,纤细,密生而平行,直达叶缘;叶柄扁平,叶柄内具腺体。聚伞花序顶生,着花数朵;苞片披针形;花芳香;花萼5深裂,红色,披针形,外面无毛,内面基部具腺体;花冠深红色或粉红色,栽培演变有白色或黄色,花冠为单瓣呈5裂时,其花冠为漏斗状,其花冠筒圆筒形,上部扩大呈钟形,花冠筒内面被长柔毛,花冠喉部具5片宽鳞片状副花冠,每片其顶端撕裂,并伸出花冠喉部之外,花冠裂片倒卵形,顶端圆形;花冠为重瓣,每花冠裂片基部具长圆形而顶端撕裂的鳞片;雄蕊着生在花冠筒中部以上,花丝短,被长柔毛,花药箭头状,内藏,与柱头连生,基部具耳,顶端渐尖,药隔延长呈丝状,被柔毛;无花盘;心皮2,离生,被柔毛,花柱丝状,柱头近球圆形,顶端凸尖;每心皮有胚珠多颗。蓇葖果;种子长圆形,基部较窄,顶端钝、褐色,种皮被锈色短柔毛,顶端具黄褐色绢质种毛;种毛长约 1cm。花期几乎全年，夏秋为最盛；果期一般在冬春季，栽培很少结果。

生长习性：喜温暖湿润的气候，耐寒力不强，室内越冬，夹竹桃不耐水湿，要求选择干燥和排水良好的地方栽植，喜光好肥，也能适应较阴的环境，但庇荫处栽植花少色淡。萌蘖力强，树体受害后容易恢复。

用途：夹竹桃对汞、硫、尘屑吸收能力强。据测定，每千克夹竹桃干叶中，吸收的汞为 96mg，每片树叶 1 个月能吸硫 69mg。在氯气扩散处能照常生长。熏染叶片的氯含量比未熏染的叶片中高出 4 倍左右，而使其处在"蓬头垢面"时，不但能正常生长，而且照样能吸收空气中的灰尘、飘屑，1m^2 夹竹桃也可吸尘 5g。

常春藤[*Hedera nepalensis* var. *sinensis* (Tobl.) Rehd]

形态特征：多年生常绿攀援灌木。茎灰棕色或黑棕色，光滑，有气生根，幼枝被鳞片状柔毛，鳞片通常有 10～20 条辐射肋。单叶互生；有鳞片；无托叶；叶二型；枝上的叶为三角状卵形或戟形，全缘或 3 裂；花枝上的叶椭圆状披针形，条椭圆状卵形或披针形，稀卵形或圆卵形，全缘；先端长尖或渐尖，基部楔形、宽圆形、心形；叶上表面深绿色，有光泽，下面淡绿色或淡黄绿色，无毛或疏生鳞片；侧脉和网脉两面均明显。伞形花序单个顶生；花萼密生棕以鳞片，边缘近全缘；花瓣 5 片，三角状卵形，淡黄白色或淡绿白色，外面有鳞片；雄蕊 5 枚，花药紫色；子房下位，5 室，花柱全部合生成柱状；花盘隆起，黄色。果实圆球形，红色或黄色，宿存花柱长。花期 9—11 月，果期翌年 3—5 月。

生长习性：阴性藤本植物，也能生长在全光照的环境中，在温暖湿润的气候条件下生长良好，耐寒性较强。对土壤要求不严，喜湿润、疏松、肥沃的土壤，不耐盐碱。

用途：它们在抵抗二氧化硫、氟、氯、乙醚、乙烯、汞蒸气、铅蒸气、一氧化碳、过氧化氮等有害气体上，各有用武之地。家中电器、塑料制品等散发的这些有毒气体，因为有了这些植物保镖的抵抗，危害到人们的机会就会大大减少。

月季(*Rosa chinensis* Jacq.)

形态特征：蔷薇科、蔷薇亚科、蔷薇属植物，是常绿、半常绿低矮灌木，四季开花，小枝粗壮，圆柱形，近无毛，有短粗的钩状皮刺。小叶片宽卵形至卵状长圆形，先端长渐尖或渐尖，基部近圆形或宽楔形，边缘有锐锯齿，两面近无毛，上面暗绿色，常带光泽，下面颜色较浅，顶生小叶片有柄，侧生小叶片近无柄，总叶柄较长，有散生皮刺和腺毛；托叶大部贴生于叶柄，仅顶端分离部分成耳状，边缘常有腺毛。花几朵集生，稀单生；近无毛或有腺毛，萼片卵形，先端尾状渐尖，有时呈叶状，边缘常有羽状裂片，稀全缘，外面无毛，内面密被长柔毛；花瓣重瓣至半重瓣，红色、粉红色至白色，倒卵形，先端有凹缺，基部楔形；花柱离生，伸出萼筒口外，约与雄蕊等长。果卵球形或梨形，红色，萼片脱落。果期 6－11 月，自然花期 4—9 月。

生长习性：对气候、土壤要求虽不严格，但以疏松、肥沃、富含有机质、微酸性、排水良好的壤土较为适宜。性喜温暖、日照充足、空气流通的环境。大多数品种最适温度白天为 15～26℃，晚上为 10～15℃。冬季气温低于 5℃即进入休眠。

用途：被称为花中皇后，又称“月月红”，可作为观赏植物，也可作为药用植物，亦称月季。能吸收硫化氢、氟化氢、苯、乙苯酚、乙醚等气体；对二氧化硫、二氧化氮也具有相当的抵抗能力。

杜鹃(*Rhododendron simsii* Planch.)

形态特征：杜鹃花科、杜鹃属落叶灌木。分枝多而纤细，密被亮棕褐色扁平糙伏毛。叶革质，常集生枝端，卵形、椭圆状卵形，先端短渐尖，基部楔形或宽楔形，边缘微反卷，具细齿，上面深绿色，疏被糙伏毛，下面淡白色，密被褐色糙伏毛，中脉在上面凹陷，下面凸出；叶柄长 2～6mm，密被亮棕褐色扁平糙伏毛。花芽卵球形，鳞片外面中部以上被糙伏毛，边缘具睫毛。花 2～3 朵簇生枝顶；花梗密被亮棕褐色糙伏毛；花萼 5 深裂，裂片三角状长卵形，花冠阔漏斗形，玫瑰色、鲜红色或暗红色。蒴果卵球形，长达 1cm，密被糙伏毛；花萼宿存。花期 4－5 月，果期 6－8 月。

生长习性：杜鹃性喜凉爽、湿润、通风的半阴环境，既怕酷热又怕严寒，生长适温为 12～25℃，夏季气温超过 35℃，则新梢、新叶生长缓慢，处于半休眠状态。夏季要防晒遮阴，冬季应注意保暖防寒。忌烈日暴晒，适宜在光照强度不大的散射光下生长，光照过强，嫩叶易被灼伤，新叶老叶焦边，严重时会导致植株死亡。冬季，露地栽培杜鹃要采取措施进行防寒，以保其安全越冬。

用途：杜鹃喜酸性土壤，在钙质土中生长得不好，甚至不生长。因此，土壤学家常常把杜鹃作为酸性土壤的指示作物。是抗二氧化硫等污染较理想的花木。如石岩杜鹃距二氧化硫污染源 300m 的地方也能正常萌芽抽枝。

木槿(*Hibiscus syriacus* Linn.)

形态特征：锦葵科落叶灌木。小枝密被黄色星状绒毛。叶菱形至三角状卵形，具深浅不同的 3 裂或不裂，先端钝，基部楔形，边缘具不整齐齿缺，下面沿叶脉微被毛或近无毛。花单生于枝端叶腋间，花萼钟形，密被星状短绒毛，裂片 5，三角形；花朵色彩有纯白、淡粉红、淡紫、紫红等，花形呈钟状，有单瓣、复瓣、重瓣几种。外面疏被纤毛和星状长柔毛。蒴果卵圆形，直径约 12mm，密被黄色星状绒毛；种子肾形，背部被黄白色长柔毛。花期7—10月。

生长习性：木槿对环境的适应性很强，较耐干燥和贫瘠，对土壤要求不严格，尤喜光和温暖潮润的气候。稍耐阴、喜温暖、湿润气候，耐修剪、耐热又耐寒，但在北方地区栽培需保护越冬，好水湿而又耐旱，对土壤要求不严，在重黏土中也能生长。萌蘖性强。

用途：木槿是一种在庭院很常见的灌木花种，中国中部各省原产，各地均有栽培。在园林中可作花篱式绿篱，孤植和丛植均可。能吸收二氧化硫、氯气、氯化氢、氧化锌等有害气体。在距氟污染源150m的地方亦能正常生长。

紫薇(*Lagerstroemia indica* L.)

特征：千屈菜科、紫薇属落叶灌木或小乔木。树皮平滑，灰色或灰褐色；枝干多扭曲，小枝纤细，具4棱，略成翅状。叶互生或有时对生，纸质，椭圆形、阔矩圆形或倒卵形，顶端短尖或钝形，有时微凹，基部阔楔形或近圆形，无毛或下面沿中脉有微柔毛，侧脉3～7对，小脉不明显；无柄或叶柄很短。花色玫红、大红、深粉红、淡红色或紫色、白色，常组成7～20cm的顶生圆锥花序；花梗，中轴及花梗均被柔毛；花萼外面平滑无棱，但鲜时萼筒有微突起短棱，两面无毛，裂片6，三角形，直立，无附属体；花瓣6枚，皱缩，长12～20mm，具长爪；雄蕊36～42枚，外面6枚着生于花萼上，比其余的长得多；子房3～6室，无毛。蒴果椭圆状球形或阔椭圆形，长1～1.3cm，幼时绿色至黄色，成熟时或干燥时呈紫黑色，室背开裂；种子有翅，长约8mm。花期6—9月，果期9—12月。

生长习性：紫薇喜暖湿气候，喜光，略耐阴，喜肥，尤喜深厚肥沃的沙质壤土，好生于略有湿气之地，亦耐干旱，忌涝，忌种在地下水位高的低湿地方，性喜温暖，而能抗寒，萌蘖性强。

用途：是观花、观干、观根的盆景良材。对二氧化硫、氯化氢、氯气、氟化氢等有毒气体抵抗性较强，据报道，每千克紫薇干叶能吸收硫10g左右。

米兰(*Aglaia odorata* Lour.)

形态特征：楝科、米仔兰属的常绿灌木或小乔木。茎多小枝。幼枝顶部具星状锈色鳞片，后脱落。奇数羽状复叶，互生，叶轴和叶柄具狭翅叶轴有窄翅，小叶3～5枚，对生，厚纸质，倒卵形至长椭圆形，顶端1片最大，下部的远较顶端的为小，先端钝，基部楔形，两面无毛，全缘，叶脉明显，侧脉每边约8条，极纤细，和网脉均于两面微凸起。圆锥花序腋生，长5～10cm，稍疏散无毛。花黄色，芳香。花萼5裂，裂片圆形。花冠5瓣，长圆形或近圆形，长1.5～2mm，顶端圆而截平，比萼长。花药5，卵形，内藏。雄蕊花梗纤细长1.5～3mm，花丝结合成筒，比花瓣短。雌蕊子房卵形，密生黄色粗毛。浆果，卵形或球形，长 10～12mm，初时被散生的星状鳞片，后脱落；种子有肉质假种皮。两性花的花梗稍短而粗，种子具肉质假种皮。花期 5—12 月，或四季开花，果期 7 月至翌年 3 月。

生长习性：米兰喜温暖湿润和阳光充足环境，不耐寒，稍耐阴，土壤以疏松、肥沃的微酸性土壤为最好，冬季温度不低于 10℃。

用途：食用价值：米兰是人们喜爱的花卉植物，花放时节香气袭人。作为食用花卉，如米兰花茶。可提取香精。观赏价值：米兰盆栽可陈列于客厅、书房和门廊，清新幽雅，舒人心身。在南方庭院中米兰又是极好的风景树。放在居室中可吸收空气中的二氧化硫和氯气，净化空气。药用价值：花：解郁宽中，催生，醒酒，清肺，醒头目，止烦渴。治胸膈胀满不适，噎膈初起，咳嗽及头昏。能吸收大气中的二氧化硫和氯气。在含 0.001%氯气的空气中熏 4 小时，1kg 米兰叶吸氯量为 0.0048g。

第四节　具有抗污染能力的常见草本植物

草本植物指茎内的木质部不发达，含木质化细胞少，支持力弱的植物。草本植物体形一般都很矮小，寿命较短，茎干软弱，多数在生长季节终了时地上部分或整株植物体死亡。

一、一、二年生草本植物

波斯菊(*Cosmos bipinnata* Cav.)

形态特征：菊科、秋英属植物，一年生或多年生草本。根纺锤状，多须根，或近茎基部有不定根。茎无毛或稍被柔毛。叶二次羽状深裂，裂片线形或丝状线形。头状花序单生，径 3～6cm；花序梗长 6～18cm。总苞片外层披针形或线状披针形，近革质，淡绿色，具深紫色条纹，上端长狭尖，较内层与内层等长，长 10～15mm，内层椭圆状卵形，膜质。托片平展，上端成丝状，与瘦果近等长。舌状花紫红色，粉红色或白色；舌片椭圆状倒卵形，长 2～3cm，宽 1.2～1.8cm，有 3～5 钝齿；管状花黄色，长 6～8mm，管部短，上部圆柱形，有披针状裂片；花柱具短突尖的附器。瘦果黑紫色，长 8～12mm，无毛，上端具长喙，有 2～3尖刺。花期 6—8 月，果期 9—10 月。

生长习性：喜温暖和阳光充足的环境，耐干旱，忌积水，不耐寒，适宜肥沃、疏松和排水良好的土壤栽植。

用途：波斯菊是适宜春秋种植的花，它不仅花朵美丽，还有净化空气的作用，是一种天然空气净化器，能够监测空气中的二氧化硫，并具有一定的吸附能力。

鸡冠花：(*Celosia cristata* L.)

形态特征：一年生直立草本。全株无毛，粗壮。分枝少，近上部扁平，绿色或带红色，有棱纹凸起。单叶互生，具柄；叶片先端渐尖或长尖，基部渐窄成柄，全缘。中部以下多花；苞片、小苞片和花被片干膜质，宿存；胞果卵形，熟时盖裂，包于宿存花被内。种子肾形，黑色，光泽。

生长习性：鸡冠花喜温暖干燥气候，怕干旱，喜阳光，不耐涝，但对土壤要求不严，一般土壤庭院都能种植。

用途：鸡冠花因其花序红色、扁平状，形似鸡冠而得名，享有“花中之禽”的美誉。高型品种用于花境、花坛，点缀树丛外缘，还是很好的切花材料，切花瓶插能保持10天以上。也可制干花，经久不凋。鸡冠花对二氧化硫、氯化氢具良好的抗性，可起到绿化、美化和净化环境的多重作用，适宜作厂矿绿化用，称得上是一种抗污染环境的大众观赏花卉。

二、多年生草本植物

龙舌兰(*Agave americana* L.)

形态特征：龙舌兰科、龙舌兰属多年生常绿大型草本植物。叶呈莲座式排列，大型，肉质，倒披针状线形，叶缘具有疏刺，顶端有一硬尖刺，刺暗褐色。圆锥花序大型，多分枝；花黄绿色；花被裂片。雄蕊长约为花被的2倍。蒴果长圆形，长约5cm。开花后花序上生成的珠芽极少。

生长习性：龙舌兰性喜阳光充足，稍耐寒，不耐阴，喜凉爽、干燥的环境，生长适温15～25℃，在夜温10～16℃生长最佳，在5℃以上的气温下可露地栽培，成年龙舌兰在-5℃的低温下叶片仅受轻度冻害，-13℃地上部受冻腐烂，地下茎不死，翌年能萌发展叶，正常生长，冬季凉冷干燥对其生育最有利，耐旱力强，对土壤要求不严，以疏松、肥沃及排水良好的湿润沙质土壤为宜。

用途：龙舌兰极具观赏价值，是中国南方城市庭院及绿化带的常见花卉。人们一般以龙舌兰茎或叶子基部柔软的含淀粉的白色分生组织为食，也可以烘烤龙舌兰，或烹饪龙舌兰的表皮为食。在墨西哥东北部，龙舌兰的叶子还可以被用来喂牲畜。纤维可供制船缆、绳索、麻袋等，但其纤维的产量和质量均不及剑麻；总甾体皂苷元含量较高，是生产甾体激素药物的重要原料。过于干旱、退化不能种植作物的大面积热带亚热带区域，可以种植作为生物燃料的龙舌兰植物。由于合成纤维的冲击，龙舌兰粗纤维生产正在逐步下降，种植 0.6 万 m^2 的龙舌兰植物可提供约 6.1 亿 L 的乙醇，这就为全球日益紧张的能源提供了很好的补给。而且全球几乎 1/5 陆地表面半干旱，为提高生物燃料产量、扩大龙舌兰种植面积提供了更广阔的空间 。

绿萝(*Epipremnum aureum*)

形态特征：天南星科、麒麟叶属大型常绿藤本，高大藤本，茎攀援，节间具纵槽；多分枝，枝悬垂。幼枝鞭状，细长。

叶柄两侧具鞘达顶部；鞘革质，宿存，向上渐狭；下部叶片大，纸质，宽卵形，短渐尖，基部心形，宽 6.5cm。成熟枝上叶柄粗壮，基部稍扩大，上部关节稍肥厚，腹面具宽槽。

叶鞘长，叶片薄革质，翠绿色，通常(特别是叶面)有多数不规则的纯黄色斑块，全缘，不等侧的卵形或卵状长圆形，先端短渐尖，基部深心形，稍粗，两面略隆起。

生长习性：绿萝属阴性植物，喜湿热的环境，忌阳光直射，喜阴。喜富含腐殖质、疏松肥沃、微酸性的土壤。越冬温度不应低于 15℃。喜散射光，较耐阴。它遇水即活，因顽强的生命力，被称为“生命之花”。

用途：绿萝能吸收空气中的苯、三氯乙烯、甲醛等，适合摆放在新装修好的居室中。绿萝还有极强的空气净化功能，有绿色净化器的美名。绿萝能在新陈代谢中将甲醛转化成糖或氨基酸等物质，也可以分解由复印机、打印机排放出的苯，并且还可以吸收苯。除具有很高的观赏价值外，环保学家发现，一盆绿萝在 8～10m^2 的房间就相当于一个空气净化器，能有效吸收空气中甲醛、苯和三氯乙烯等有害气体。绿萝缠绕性强，气根发达，叶色斑斓，四季常绿，长枝披垂，是优良的观叶植物，是一种较适合室内摆放的花卉。

仙人球[*Echinopsis tubiflora* (Pfeiff.) Zucc. ex A. Dietr.]

形态特征：仙人掌科、仙人球属多年生草本多浆植物。植株单生或丛生。幼株球形，老株长成圆筒状，球体深绿色，有 11～12 条棱，棱上长刺，刺黑色，锥状。花着生于球顶一侧，花白色，大喇叭形，夜晚开放，次晨凋谢，花期 5—7 月。

生长习性：属亚热带草本植物。喜夏季温暖湿润和冬季干燥的气候，要求阳光充足的环境。耐干旱，稍耐阴，忌强阳光直射，怕积水，不耐寒。适宜在疏松排水透气性好的沙壤土中生长。

用途：仙人球是一种茎、叶、花均有较高观赏价值的植物。仙人球有吸收电磁辐射的作用，也是天然的空气清新器，还具有吸附尘土、净化空气的作用。仙人球为景天酸代谢途径,仙人球的气孔白天关闭,晚上打开,吸收二氧化碳并放出氧气,可改善室内空气质量,起到净化空气的作用。对二氧化硫、氯化氢、一氧化碳、二氧化碳及氮氧化物有吸收作用。

芦荟[*Aloe vera* (Haw.) Berg]

形态特征:百合科的多年生常绿草本植物。常绿、多肉质的草本植物。茎较短。叶近簇生或稍二列(幼小植株),肥厚多汁,条状披针形,粉绿色,长 15～35cm,基部宽 4～5cm,顶端有几个小齿,边缘疏生刺状小齿。花葶高 60～90cm,不分枝或有时稍分枝;总状花序具几十朵花;苞片近披针形,先端锐尖;花点垂,稀疏排列,淡黄色而有红斑;花被长约 2.5cm,裂片先端稍外弯;雄蕊与花被近等长或略长,花柱明显伸出花被外。

生长习性:芦荟以透水透气性能好,有机质含量高,pH 在 6.5～7.2。喜光,耐半阴,忌阳光直射和过度荫蔽。适宜生长环境温度为 20～30 ℃,夜间最佳温度为 14～17℃。低于 10℃基本停止生长,低于 0℃芦荟叶肉受冻全部萎蔫死亡。芦荟有较强的抗旱能力,离土的芦荟能干放数月不死。芦荟生长期需要充足的水分,但不耐涝。芦荟的生态环境(空气、水体、土壤等)不能受污染,注意通风。

用途:芦荟蕴含 75 种元素,与人体细胞所需物质几乎完全吻合,有着明显的保健价值,被人们荣称为“神奇植物”“家庭药箱”。芦荟中含的多糖和多种维生素对人体皮肤有良好的营养、滋润、增白作用。

水仙[*Narcissustazetta* L. var. *chinensis* Roem.]

形态特征:石蒜科多年生草本植物。鳞茎卵球形。叶宽线形,扁平,长 20～40cm,宽 8～15mm,钝头,全缘,粉绿色。花茎几乎与叶等长;伞形花序有花 4～8 朵;佛焰苞状总苞膜质;花梗长短不一;花被管细,灰绿色,近三棱形,长约 2cm,花被裂片 6,卵圆形至阔椭圆形,顶端具短尖头,扩展,白色,芳香;副花冠浅杯状,淡黄色,不皱缩,长不及花被的一半;雄蕊 6 枚,着生于花被管内,花药基着;子房 3 室,每室有胚珠多数,花柱细长,柱头 3 裂。蒴果室背开裂。花期春季。

生长习性:水仙为秋植球根类温室花卉,喜阳光充足,生命力顽强,能耐半阴,不耐寒。7～8 月落叶休眠,在休眠期鳞茎的生长点部分进行花芽分化,具秋冬生长,早春开花,夏季休眠的生理特性。水仙喜光、喜水、喜肥,适于温暖、湿润的气候条件,喜肥沃的沙质土壤。生长前期喜凉爽、中期稍耐寒、后期喜温暖。因此,要求冬季无严寒夏季无酷暑,春秋季多雨的气候环境。

用途:水仙花的生命力很强,可以栽植在各地园林景区中,能美化环境也是园林景观的重要组成部分，特别是它进入花期以后，观赏价值极高，能让整个园林景区的景色变得更加美丽，能起到美化环境的重要作用。它能在生长过程中不断吸收空气中的二氧化碳和甲醛，能让它们转化成氧气释放到空气中，能防止这些有害气体对人类身体产生伤害。

百合[*Lilium brownii* var. *viridulum* Baker]

形态特征：百合科、百合属多年生草本球根植物。鳞茎白色，宽卵形；茎直立，坚硬，基部埋在土内的部分具2～3轮纤维状根，有棱纹，深紫色，而被白色绵毛。叶散生，无柄，光亮，披针形先端渐尖，具显著叶脉5条以上，上部叶片逐渐变短以至形成叶状苞片，通常叶腋间生有珠芽；珠芽球形，老时变为黑色。花序总状圆锥形；花梗粗硬，开展，花朵稍下垂；花被片6，橘红色，密生紫黑色斑点，开放时反卷，披针形；雄蕊长5～7cm，花药紫色，且具斑点；柱头紫色，子房长1.3～1.8cm。果实倒卵形，长3～4cm。花期一般在7月。

生长习性：百合喜温暖湿润和阳光充足环境。较耐寒，怕高温和湿度大。百合的生长适温为15～25℃，温度低于10℃，生长缓慢，温度超过30℃则生长不良。生长过程中，以白天温度21～23℃、晚间温度15～17℃最好。促成栽培的鳞茎必须通过7～10℃低温贮藏4～6周。百合需要湿润的水来栽培，这样有利于茎叶的生长。土壤要求肥沃、疏松和排水良好的沙质壤土，土壤pH在5.5～6.5最好。盆栽土壤以腐叶土、培养土和粗沙的混合土为宜。百合耐寒，但最适生长温度在15～25℃之间。

用途：百合有明显的消除有害气体的功能，能将空气里的一氧化碳及二氧化硫消除掉。此外，它所散发出来的挥发性油类，还有明显的杀死细菌和消毒的作用。家庭栽种百合花，不可将其置于卧室内，白天能将其置于房间里通风顺畅的地方，黄昏时分则要搬到房间外面。

万年青[*Rohdea japonica* (Thunb.) Roth]

形态特征：万年青是多年生草本植物，根状茎粗1.5～2.5cm。叶3～6枚，厚纸质，矩圆形、披针形或倒披针形，长15～50cm，宽2.5～7cm，先端急尖，基部稍狭，绿色，纵脉明显浮凸；鞘叶披针形，长5～12cm。花葶短于叶，长2.5～4cm；穗状花序长3～4cm，宽1.2～1.7cm；具几十朵密集的花；苞片卵形，膜质，短于花，长2.5～6mm，宽2～4mm；花被长4～5mm，宽6mm，淡黄色，裂片厚；花药卵形，长1.4～1.5mm。浆果直径约8mm，熟时红色。花期5—6月，果期9—11月。

生长习性：喜高温、高湿、半阴或蔽阴环境。不耐寒，忌强光直射，要求疏松、肥沃、排水良好的沙质壤土。

用途：万年青以它独特的空气净化能力著称。万年青可以去除尼古丁、甲醛等有害物质。种植万年青，会给居住环境缔造一个完美生活空间。万年青平常一般放置在客厅或者卧室起到装饰观赏的作用，令人神清气爽。此外，万年青对室内的空气还具有吸收室内毒气废气，释放氧气，起到净化的作用，尤其是对免疫力比较弱的老年人来说非常有好处。

虎尾兰(*Sansevieria trifasciata* Prain)

形态特征：百合科、虎尾兰属的多年生草本观叶植物。虎尾兰有横走根状茎。叶基生，常1～2枚，也有3～6枚成簇的，直立，硬革质，扁平，长条状披针形，长30～70(～120)cm，宽3～5(～8)cm，有浅绿色和深绿色相间的横带斑纹，边缘绿色，向下部渐狭成长短不等的、有槽的柄。花葶高30～80cm，基部有淡褐色的膜质鞘；花淡绿色或白色，每3～8朵簇生，排成总状花序；花梗长5～8mm，关节位于中部；花被长1.6～2.8cm，管与裂片长度约相等。浆果直径7～8mm。花期11—12月。

生长习性：虎尾兰适应性强，性喜温暖湿润，耐干旱，喜光又耐阴。对土壤要求不严，以排水性较好的沙质壤土较好。其生长适温为20～30℃，越冬温度为10℃。

用途：研究表明，虎尾兰可吸收室内部分有害气体，并能有效地清除二氧化硫、氯、乙醚、乙烯、一氧化碳、过氧化氮等有害物。虎尾兰堪称卧室植物，即便是在夜间它也可以吸收二氧化碳，放出氧气。六棵齐腰高的虎尾兰就可以满足一个人的吸氧量。在室内养殖虎尾兰配合使用椰维炭，不仅可以提高人们的工作效率，还能在夏季减少开窗换气。

海芋[*Alocasia macrorrhiza* (L.) Schott]

形态特征：大型常绿草本植物，具匍匐根茎，有直立的地上茎。叶多数，叶柄绿色或污紫色，螺状排列，粗厚，展开；叶片亚革质，草绿色，箭状卵形，边缘波状，幼株叶片联合较多；前裂片三角状卵形，先端锐尖；后裂片多呈圆形，弯缺锐尖，有时几达叶柄，后基脉互交成直角或不及90度的锐角。叶柄和中肋变黑色、褐色或白色。花序柄2～3枚丛生，圆柱形，长12～60cm，通常绿色，有时污紫色。佛焰苞管部绿色，长3～5cm，粗3～4cm，卵形或短椭圆形；檐部蕾时绿色，花时黄绿色、绿白色，凋萎时变黄色、白色，舟状，长圆形，略下弯，先端喙状，长10～30cm。肉穗花序芳香，雌花序白色，雄花序淡黄色；附属器淡绿色至乳黄色，圆锥状，嵌以不规则的槽纹。浆果红色，卵状，种子1～2颗。花期四季，但在密阴的林下常不开花。

生长习性：喜高温、潮湿，耐阴，不宜强风吹，不宜强光照，适合大盆栽培，生长十分旺盛、壮观，有热带风光的气氛。海芋抗性强，海芋本身具有很强的适应不良环境的能力，耐水湿，耐高温，适应灰尘大的环境和通风不良的环境。耐粗放管理，海芋成形快，病虫害少，不易滋生杂草，种后无需精细养护，只需在冬季叶片枯黄时及时清理即可。

用途：海芋维持二氧化碳与氧气的平衡，改善小气候，减弱噪音，涵养水源，调节湿度；除此之外，还有吸收粉尘、净化空气等功能，应用海芋进行园林绿化，能起到植物造景和保护生态环境的结合。

吊兰[*Chlorophytum comosum*(Thunb.)Baker.]

形态特征：天门冬科、吊兰属多年生常绿草本植物，根状茎平生或斜生，有多数肥厚的根。叶丛生，线形，叶细长，似兰花。有时中间有绿色或黄色条纹。花茎从叶丛中抽出，长成匍匐茎在顶端抽叶成簇，花白色，常2～4朵簇生，排成疏散的总状花序或圆锥花序偶然内部会出现紫色花瓣；蒴果三棱状扁球形，长约5mm，宽约8mm，每室具种子3～5颗。花期5月，果期8月。

生长习性：吊兰性喜温暖湿润、半阴的环境。它适应性强，较耐旱，不甚耐寒。不择土壤，在排水良好、疏松肥沃的沙质土壤中生长较佳。对光线的要求不严，一般适宜在中等光线条件下生长，亦耐弱光。生长适温为15～25℃，越冬温度为5℃。温度为20～24℃时生长最快，也易抽生匍匐枝。30℃以上停止生长，叶片常常发黄干尖。冬季室温保持12℃以上，植株可正常生长，抽叶开花；若温度过低，则生长迟缓或休眠；低于5℃，则易发生寒害。

用途：吊兰能在微弱的光线下进行光合作用，可吸收室内80%以上的有害气体，吸收甲醛的能力超强。一般房间养1～2盆吊兰，其对甲醛的吸附量相当于10g椰维炭的吸附量，能将空气中有毒气体吸收殆尽，一盆吊兰在8～10m^2的房间内，就相当于一个空气净化器。由于新装修的房子甲醛等有害气体一直不断地持续释放，因此环保专家建议，装修后保持多通风，养几盆吊兰等绿植，这样新房空置三到六个月后基本可达到入住标准；吊兰同时能将火炉、电器、塑料制品散发的一氧化碳、过氧化氮吸收殆尽，还能分解苯，吸收香烟烟雾中的尼古丁等比较稳定的有害物质，故吊兰又有“空气卫士”之美称。

大丽花(*Dahlia pinnata* Cav.)

形态特征：菊科、大丽花属植物，多年生草本。有巨大棒状块根。茎直立，多分枝，高1.5～2m，粗壮。叶1～3回羽状全裂，上部叶有时不分裂，裂片卵形或长圆状卵形，下面灰绿色，两面无毛。头状花序大，有长花序梗，常下垂，宽6～12cm。总苞片外层约5个，卵状椭圆形，叶质，内层膜质，椭圆状披针形。舌状花1层，白色、红色或紫色，常卵形，顶端有不明显的3齿，或全缘；管状花黄色，有时在栽培种全部为舌状花。瘦果长圆形，长

9～12mm，宽3～4mm，黑色，扁平，有2个不明显的齿。花期6—12月，果期9—10月。

生长习性：大丽花喜半阴，阳光过强影响开花。大丽花喜欢凉爽的气候。生长期内对温度要求不严，8～35℃均能生长，15～25℃为宜。大丽花不耐干旱，不耐涝。适宜栽培于土壤疏松、排水良好的肥沃沙质土壤中。

用途：对于环境的适应能力很强，自身的光合作用可以将二氧化碳转化氧气，同时花朵还可以吸附一些微小颗粒，起到净化空气的效果，让空气更清新自然。

菊花[*Dendranthema morifolium* (Ramat.) Tzvelev]

形态特征：菊科、菊属的多年生宿根草本植物。菊花为多年生草本，高60～150cm。茎直立，分枝或不分枝，被柔毛。叶互生，有短柄，叶片卵形至披针形，长5～15cm，羽状浅裂或半裂，基部楔形，下面被白色短柔毛，边缘有粗大锯齿或深裂，基部楔形，有柄。头状花序单生或数个集生于茎枝顶端，直径2.5～20cm，大小不一，单个或数个集生于茎枝顶端；总苞片多层，外层绿色，条形，边缘膜质，外面被柔毛；舌状花白色、红色、紫色或黄色。花色则有红、黄、白、橙、紫、粉红、暗红等各色，培育的品种极多，头状花序多变化，形色各异，形状因品种而有单瓣、平瓣、匙瓣等多种类型，当中为管状花，常全部特化成各式舌状花。花期9—11月。雄蕊、雌蕊和果实多不发育。

生长习性：菊花为短日照植物，在短日照下能提早开花。喜阳光，忌荫蔽，较耐旱，怕涝。喜温暖湿润气候，但亦能耐寒，严冬季节根茎能在地下越冬。花能经受微霜，但幼苗生长和分枝孕蕾期需较高的气温。最适生长温度为20℃左右。

用途：菊花对多种有害气体具有较强的抗性，有吸收硫、汞、氟化氢等毒物的作用，能将氮氧化物转化为植物细胞蛋白质。适宜在工矿区栽植。盆栽菊花在室内观赏，对家用电器、塑料制品、装饰材料散发的有害气体有吸收和抵抗作用，可减轻对人体的侵害。菊花所含的挥发性芳香物质，有清热祛风、平肝明目之功能，常闻菊花香可治头痛、头晕、感冒、视物模糊。

君子兰(*Clivia miniata*)

形态特征：石蒜科、君子兰属的多年生草本植物。根肉质纤维状，为乳白色，十分粗壮。根系粗大，很有肉质感。茎基部宿存的叶基部扩大互抱成假鳞茎状。叶片从根部短缩的茎上呈二列叠出，排列整齐，宽阔呈带形，顶端圆润，质地硬而厚实，并有光泽及脉纹。基生叶质厚，叶形似剑，叶片革质，深绿色，具光泽，带状，长30～50cm，最长可达85cm，宽3～5cm，下部渐狭，互生排列，全缘。花葶自叶腋中抽出，若从种子开始养护，一般要达到15片叶时开花。小花有柄，在花顶端呈伞形排列，花漏斗状，直立，黄或橘黄色、橙红色。伞形花序顶生，花直立，有数枚覆瓦状排列的苞片，花被裂片6，合生。垂笑君子兰则花稍垂，花被狭漏斗状。花直立向上，花被宽漏斗形，鲜红色，内面略带黄色；外轮花被裂片顶端有微凸头，内轮顶端微凹，略长于雄蕊；花柱长，稍伸出于花被外。浆果紫红色，宽卵形。盛花期自元旦至春节，以春夏季为主，可全年开花，有时冬季也可开花，也有在夏季6—7月间开花的。果实成熟期10月左右，属浆果，紫红色。花、叶并美。

生长习性：怕炎热又不耐寒，喜欢半阴而湿润的环境，畏强烈的直射阳光，生长的最佳温度在18～28℃之间，10℃以下，30℃以上，生长受抑制。君子兰喜欢通风的环境，喜深厚肥沃疏松的土壤，适宜在疏松肥沃的微酸性有机质土壤内生长。君子兰是著名的温室花卉，适宜室内培养。

用途：君子兰在生长发育过程中，虽然能从土壤中吸收水分和矿物质养分来合成有机物质（如氨基酸、酰胺等），但对其整个生理活动来说，还是不够的，它必须利用阳光、温度、二氧化碳和水进行光合作用。这对君子兰的生长发育和美化居室，净化室内空气，增进人们的身体健康，有着极其重要的意义。君子兰株体，特别是宽大肥厚的叶片，有很多的气孔和绒毛，能分泌出大量的黏液，经过空气流通，能吸收大量的粉尘、灰尘和有害气体，对室内空气起到过滤的作用，减少室内空间的含尘量，使空气洁净。因而君子兰被人们誉为理想的“吸收机”和“除尘器”。

萱草(*Hemerocallis fulva*)

形态特征：百合科、萱草属的一种多年生宿根草本。根状茎粗短，具肉质纤维根，多数膨大呈窄长纺锤形。叶基生成丛，条状披针形，背面被白粉。圆锥花序顶生，有花6～12朵，花梗长约1cm，有小的披针形苞片；花长7～12cm，花被基部粗短漏斗状，花被6片，开展，向外反卷，外轮3片，内轮3片，边缘稍作波状；雄蕊6枚，花丝长，着生花被喉部；子房上位，花柱细长。花果期为5—7月。

生长习性：性强健，耐寒，华北可露地越冬，适应性强，喜湿润也耐旱，喜阳光又耐半阴。对土壤选择性不强，但以富含腐殖质、排水良好的湿润土壤为宜。

用途：花色鲜艳，栽培容易，且春季萌发早，绿叶成丛极为美观。园林中多丛植或于花境、路旁栽植。萱草类耐半阴，又可作疏林地被植物。萱草在现代化学染料出现之前，还是一种常用的染料。另外，萱草对氟十分敏感，当空气受到氟污染时，萱草叶子的尖端就变成红褐色，所以常被用来监测环境是否受到氟污染的指示植物。

玉簪[*Hosta plantaginea* (Lam.) Aschers.]

形态特征：百合科、玉簪属，多年生宿根植物。根状茎粗厚，叶卵状心形、卵形或卵圆形，先端近渐尖，基部心形，具6～10对侧脉；花葶具几朵至十几朵花；花的外苞片卵形或披针形；内苞片很小；花单生或2～3朵簇生，白色，芳香；雄蕊与花被近等长或略短，基部贴生于花被管上。蒴果圆柱状，有3棱。花果期8—10月。

生长习性：属于典型的阴性植物，喜阴湿环境，受强光照射则叶片变黄，生长不良，喜肥沃、湿润的沙壤土，性极耐寒，中国大部分地区均能在露地越冬，地上部分经霜后枯萎，翌春宿萌发新芽。忌强烈日光暴晒。生长适宜温度为15～25 ℃，冬季温度不低于5℃。入冬后地上部枯萎，休眠芽露地越冬。

用途：玉簪花是一种天然的空气清新剂，它可以吸收空气中残留的有害物质，如甲醛、苯、三氯乙烷等，它能将这些有毒气体全部吸收后释放出氧气，从而让周围空气变得更加清新，室内养植能提高空气质量。同时，玉簪花还是中国古典庭院中重要花卉之一。在现代庭院中多配植于林下草地、岩石园或建筑物背面，也可三两成丛点缀于花境中，还可以盆栽布置于室内及廊下。

石竹(*Dianthus chinensis* L.)

形态特征：石竹科、石竹属多年生草本。全株无毛，带粉绿色。茎由根颈生出，疏丛生，直立，上部分枝。叶片线状披针形，顶端渐尖，基部稍狭，全缘或有细小齿，中脉较显。花单生枝端或数花集成聚伞花序；苞片4，卵形，顶端长渐尖，长达花萼1/2以上，边缘膜质，有缘毛；花萼圆筒形，有纵条纹，萼齿披针形，直伸，顶端尖，有缘毛；花瓣瓣片倒卵状三角形，长13～15mm，紫红色、粉红色、鲜红色或白色；顶缘不整齐齿裂，喉部有斑纹，疏生髯毛；雄蕊露出喉部外，花药蓝色；子房长圆形，花柱线形。蒴果圆筒形，包于宿存萼内，顶端4裂；种子黑色，扁圆形。花期5—6月，果期7—9月。

生长习性：其性耐寒、耐干旱，不耐酷暑，夏季多生长不良或枯萎，栽培时应注意遮阴降温。喜阳光充足、干燥、通风及凉爽湿润气候。要求肥沃、疏松、排水良好及含石灰质的壤土或沙质壤土，忌水涝，好肥。

用途：石竹有吸收二氧化硫和氯气的本领，凡有毒气的地方可以多种。园林中可用于花坛、花境、花台或盆栽，也可用于岩石园和草坪边缘点缀。大面积成片栽植时可作景观地被材料。

第五节　具有环境监测功能的指示植物

处在污染环境中的敏感植物受污染物影响，叶片往往会表现出褪绿、变色、坏死等受害症状。利用植物对污染的响应,监测有害气体的成分和含量,达到了解环境质量状况的目的。而污染物对植物内部的生理代谢活动也会产生显著影响,蒸腾率下降、呼吸作用加强、光合作用强度下降,内部某些成分含量、抗氧化系统活性也会发生变化。

指示植物是指对环境变化敏感或者对某种金属元素、病虫害反应敏感,能够在一定区域范围内指示生长环境或预报病虫害的植物种、属或群落。

人们可通过观察指示植物的生理生态变化了解该植物所生长地区的土壤状况、水质情况、空气污染程度等环境变化,从而尽早采取措施控制环境污染。随着科学手段的多样化发展,越来越多的指示植物被发现并广泛应用于生活中的方方面面,指示植物不仅给矿藏勘探人员、环境监测者等专业工作者提供信息,也可以预测某种病虫害的发生,为果农、菜农减少经济损失。

在一定地区范围内能指示其生长环境或某些环境条件的植物种、属或群落。有些植物与特定的生态条件联系非常紧密,人们可以根据这些植物相当准确地判断其生长地的生态条件。植物的某些特征,如花的颜色、生态类群、年轮、畸形变异、化学成分等,也具有生态条件指示意义。

指示植物和被指示的对象(自然体类型、它们的特性、空间结构特点、过程等)之间的联系,有些在指示植物分布的全部范围内保持,有些只在分布区的一定地区内保持。前一种情况下的指示植物叫普遍指示植物,后一种情况下的指示植物叫地方指示植物。

普遍指示植物很少,大多具有有限的分布区。例如,风轮堇菜以及它所形成的群落是土壤含锌化合物的普遍指示植物;海蓬子在其分布区的全部范围内与强盐渍化土壤相联系,也是普遍指示植物。地方指示植物在数量上远远多于普遍指示植物,大多数已被确定的指示植物具有地区性。地方指示植物的绝大多数种在其分布区的不同部分指示意义不同。从它们的分布区的中心到边缘,指示意义渐增。对该植物种来说,越到分布区的边缘生态条件越严酷,而在极端生存条件下的生态适应性比较狭窄,因此它的指示意义也就越大。因此,在应用某种指示植物时,必须严格确定它的地理边界。指示植物包括指示植物种和指示植物群落,可以指示土壤、潜水的性质和某些有用矿物。另外,还能指示气候、地质构造和环境污染等。

一、指示植物种

包括种和种内单位(亚种、变种和变型等)。某些种或某些种以下的分类单位巩固地或经常地与一定的生态条件相联系,可以根据它们的存在判断出生态条件。例如,蕨类植物芒萁只分布于pH为4.5～5.5的强酸红壤土或黄壤上，蜈蚣草则只出现于pH为7.5～8.0的石灰性土或含石灰的基质上，因而确定前者是强酸性土的指示植物种，后者是石灰性土的指示植物种。

二、指示植物群落

由于每个植物种在生态上都有或大或小的可塑性(生态幅)，使得植物种的指示性具有变异，有时会出现例外情况。只有生态幅狭小而固定的种，其指示性才可靠。但多个种形成的群落，它们的指示意义往往比较确定。例如，个别芨芨草植物可以分布在潜水位只有0.5m以内的盐湖边，也可出现在潜水位深至10m以下的高海拔山谷斜坡(如中国新疆北塔山近顶部)。但有其他植物参加的芨芨群落，则总是与地下水位不低于2m的盐化草甸土相联系。可以指示环境条件的植物群落叫指示植物群落。

三、土壤指示植物

随着对于土壤与植被之间关系的研究发展，可用植被判别土壤的一系列特征。

从土壤的总肥力看，可以把植物分为4类：①富养植物，在肥沃土壤上发育最好，对土壤营养物质需要量较多的植物，它们是肥沃土壤的指示植物，例如葎草；②中养植物，多分布于中等肥力的土壤上，例如蓬子菜；③贫养植物，仅出现在贫瘠土壤上的植物，例如分布于俄罗斯欧洲部分和北欧一带的那杜草是典型的贫瘠土壤指示植物；④随遇广养植物，在肥沃土壤、贫瘠土壤或中等肥力土壤上都可以出现，如灯心草。但土壤的肥沃性常常与土壤中硝酸盐的含量(可视为含氮量)相联系。有些植物在含氧丰富(NO_2>0.01%)的土壤上，可以达到最大的多度和体积；而在含氮中等的土壤上很少；在缺氮的土壤上完全没有。例如，西风古、异株荨麻、骆驼蓬、大叶藜、葎草等，它们可作为土壤中含氮丰富的指示植物。

每一种植物适应的土壤都有一定的pH范围。有些只生长于酸性土的植物是酸性土的指示植物，例如芒萁、垂穗石松、映山红、马尾松等，北方山区的照山白也出现于微酸性土上。与酸性土植物相反，有一些喜碱性土的植物，例如天蓝苜蓿在土壤pH为7.1～7.5的情况下发育。此外，还有许多相对随遇的植物。有些植物只生长在含碳酸盐3%以上的石灰性土壤上，如蜈蚣草、圆叶乌桕、南天竹、柏木，以及分布于石灰岩山丘上的青檀等。

分布于盐渍土壤上的植物有3种类型：①专性盐生植物，即只出现在盐渍化土壤上的植物，它们在土壤盐渍化含盐量超过0.6%～1.0%时发育最好，在非盐渍化土壤上很少见到。中国新疆地区强盐渍化土壤上广泛分布的盐节木、盐穗木、海蓬子、多种盐爪爪、盐生假木贼、多种碱蓬、多种白刺是这类植物的代表。它们是强盐渍化土壤的可靠指示植物。分布只限于盐渍土壤上的科有矶松科、柽柳科和瓣鳞花科；②兼性盐生植物，它们既可生长在盐土上，也可生长在弱盐化土上，甚至非盐化土上，但通常在盐渍土壤生境与优势。例如，多种碱茅、灌木猪毛菜、白滨、琵琶柴、樟味藜等；③不透盐植物，它们在非盐渍化土壤上发育良好，但也出现在盐化土壤上。因为它们自身具有防止土壤中的过多盐分透入体内的能力。蒿属的少数种，例如分布于俄罗斯和中亚的光甘草。有些并非与盐渍土紧密联系的植物也经常出现在盐渍土上，原因是它们的根系的活动部分深深扎入了不盐渍化的土壤层内。大多数潜水植物属于这种类型。例如，芦苇、骆驼刺、黑刺、铃铛刺有时被称为“假盐生植物”。植被不仅能指示土壤盐渍化的程度，而且能指示土壤盐渍化的组成。例如，海蓬子、盐爪爪、白刺和无叶假木贼分别是氯化物盐土、硫酸盐一氯化物盐土、氯化物一硫酸盐盐土和硫酸盐盐土的指示植物。

此外，就指示土壤的机械组成而言，羽毛三芒草、多种沙拐枣、巨麦草等指示沙质土，而盆地假木贼指示黏重土壤。

四、潜水指示植物

植物可以指示潜水的埋藏深度以及它们的水质和矿化程度。潜水指示植物包括湿生植物和潜水植物，它们的根系与潜水上部水位的毛细管边缘或潜水面相接触。

湿生植物可指示潜水接近地表，如香附子、芦苇、高碱蓬、樟味藜、海莲子。潜水植物是根到达深处的潜水面或毛细管水上缘的深根性植物，它们直接利用深处的潜水。中国新疆和内蒙古西部分布的胡杨、沙枣黑刺、光甘草、骆驼刺、小叶碱蓬盐穗木、盐节木等就是代表。

由于个别植物根系钻入土壤的深度随所在条件不同而变化很大，群落则比较固定，因而在水指示工作中，不是利用个别植物，而是利用群落。例如，在干旱区，多枝柽柳群落分布的地方，潜水深度变化的幅度是0.5～7.0m，矿化度是3%～15%。

不同潜水植物对潜水矿化度的适应性是不同的。杨属、柳属、沙枣等植物是淡潜水的指示植物，骆驼刺、光甘草、沙蒿等出现于微咸潜水土壤；而盐节木、盐穗木、盐爪爪等主要分布于咸潜水土壤。

五、矿产指示植物

不同的植物对不同金属元素的反应不同，某些植物需要特定的元素，在特定区域分布面积大、生长旺盛；而某些植物体内若积累大量金属元素就会发生生理生态的变异，因此可以利用这些植物作为矿产指示植物。比如洛阳石竹与金矿有伴生关系，可以作为金矿的直接指示植物，而阿尔泰山脉地区的帕特兰丝石竹分布区域往往蕴藏着铜矿；铁桦树吸入硅元素会发生硅化，导致木质非常坚硬，甚至可用来代替金属制造快艇上用的轴承等零件；木质藤本植物藤黄檀吸入钼元素后会出现"黄斑病"，并且叶片的细胞结构会出现明显异常；铬元素会导致冬青叶片除叶脉外的其他部分变黄；车前草在富含锌的地方生长特别旺盛，羽扇豆则喜欢锰含量较高的土壤。

许多苔藓植物也可以作为矿床的指示植物，如可根据细叶牛毛藓的分布寻找金矿，而铜矿附近往往生长着珠藓和长蒴藓。

六、大气污染指示植物

许多园林植物对大气中有毒物质具有较强抗性和一些能吸毒净化毒质，但是一些对毒质没有抗性和解毒作用的"敏感"植物在园林绿化中也很有作用，我们可以利用它们对大气中有毒物质的敏感性作为监测手段，以确保人民能生活在合乎健康标准的环境中。

（一）对二氧化硫的监测

SO_2 的浓度达到 1～5μL/L 时人才能感到其气味，当浓度达到 10～20μL/L 时，人就会有受害症状，例如咳嗽、流泪等现象。但是敏感植物在浓度为 0.3μL/L 时经几小时就可在叶脉之间出现点状或块状的黄褐斑或黄白色斑，而叶脉仍为绿色。

监测植物有：地衣、紫花苜蓿、菠菜、胡萝卜、凤仙花、翠菊、四季秋海棠、天竺葵、锦葵、含羞草、茉莉花、杏、山丁子、紫丁香、月季、枫杨、白蜡、连翘、杜仲、雪松、红松、油松、杉。

（二）对氟及氟化氢的监测

F 是黄绿色气体，有烈臭，在空气中迅速变为 HF；后者易溶于水成氟氢酸。慢性的氟中毒症状为骨质增生、骨硬化、骨疏松、脊椎软骨的骨化，肾、肠胃、肝、心血管、造血系统、呼吸系统、生殖系统也受影响。

F及HF的浓度在0.002～0.004μL/L时对敏感植物即可产生影响。叶子的伤斑最初多表现在叶端和叶缘，然后逐渐向叶的中心部扩展，浓度高时会整片叶子枯焦而脱落。

监测植物有：唐菖蒲、玉簪、郁金香、大蒜、锦葵、地黄、万年青、萱草、草莓、玉蜀黍、翠菊、榆叶梅、葡萄、杜鹃、樱桃、杏、李、桃、月季、复叶槭、雪松。

（三）对氯及氯化氢的监测

Cl_2是黄绿色气体，有臭味，比空气重。Cl_2可溶于水成强酸。Cl_2有全身吸收性中毒作用，5～10μL/L即可产生刺激作用由呼吸道入体内后，溶解于黏膜上从水中夺取氢离子变成HCl而有烧灼作用，同时从水中游离出的氧离子对组织也有很强的作用。氯中毒可引起黏膜炎性肿胀、呼吸困难、肺水肿、恶心、呕吐、腹泻及肺坏疽等，即使急性症状消失后也能残留经久不愈的支气管炎，对结核患者易引起急性变剧。

Cl_2及HCl可使植物叶子产生褪色点斑或块斑，但斑界不明显；严重时全叶褪色而脱落。

监测植物有：波丝菊、金盏菊、凤仙花、天竺葵、蛇目菊、硫华菊、锦葵、四季秋海棠、福禄栲、一串红、石榴、竹、复叶槭、桃、苹果、柳、落叶松、油松。

（四）光化学气体

光化学烟雾中占90%的是臭氧。人在浓度为0.5～1μL/L的臭氧下1～2小时就会产生呼吸道阻力增加的症状。臭氧的嗅阈值是0.02μL/L，在浓度为0.1μL/L中短时间的接触，眼睛会有刺激感。若长期处于0.25μL/L下，会使哮喘病患者加重病情。在1μL/L中1小时，会使肺细胞蛋白质发生变化，接触4小时则1天以后会出现肺水肿。

光化学烟雾中的O_3可抑制植物的生长以及在叶表面出现棕褐色、黄褐色的斑点。

监测植物有：美国的试验表明浓度为0.01μL/L时，经1～5小时烟草会受害，而菠菜、莴苣、西红柿、兰花、秋海棠、矮牵牛、蔷薇、丁香等均敏感易显黄褐色斑点。又据日本的试验，可知浓度为0.25μL/L时牡丹、木兰、垂柳、三裂悬钩子等均有受害症状，已在第三章中述及而可供利用了。此外，早熟禾和美国五针松、梓树、皂荚、葡萄等也很敏感。

（五）其他有毒物质

对汞的监测可用女贞；对氨的监测可用向日葵；对乙烯的监测可用棉花。

七、水质污染指示植物

水体中分布最广泛的是藻类植物，藻类植物种类繁多，种群数量巨大，对于水体环境的适应性差异较大，根据水体中藻类植物的种类分布情况可以很好地监测水体污染情况。经科学研究，已经确定了7个属的藻类植物可以作为污染标志，对酸性和重金属污染耐受能力较强的物种也已经得到了确认；在种群特征监测中绿藻和蓝藻耐污染能力最强，硅藻耐污染力最弱。当水体中蓝藻类含量数量多时，代表水体已经发生污染，而当硅藻为优势种群，占到水体面积一半以上时，代表水体是干净的。

八、病虫害指示植物

有些植物对某种病虫害特别敏感，在遭到侵染时能够及时表现出症状，可以预防大面积的侵染。例如，可以利用蚜虫趋绿趋黄的特性在桃园边上栽培油菜作为蚜虫的指示植物；胡萝卜可预测椿象的迁移高峰；鸭梨对黑星病敏感，稍受侵染就有症状表现，可在梨园内栽种几棵鸭梨达到及时了解黑星病的发病情况；对棉花危害较大的黄地老虎喜欢在龙葵上产卵，通过调查龙葵上的虫卵数目可预测黄地老虎的虫害盛期，及时防治。针对易发多发病虫害选择恰当的指示植物可以减少成本，同时因及时防治减少药剂使用量也减少了环境污染，更加保证有机产品的产量和质量。

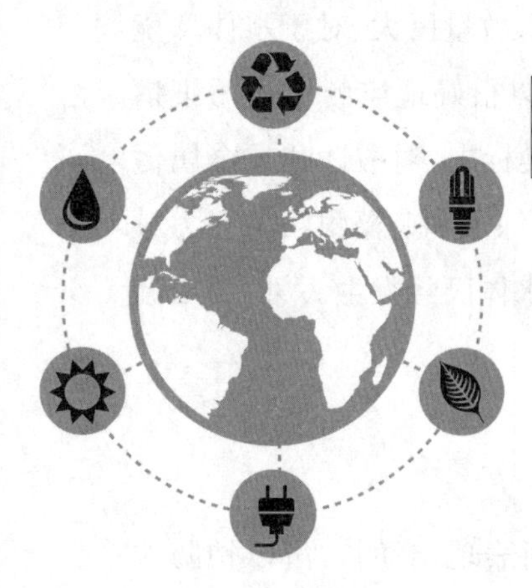

第六章 植物对环境的生态评价

第一节 环境污染的生态效应

一、环境污染生态效应

环境污染是指有害物质或因子进入环境，并在环境中扩散、迁移、转化，使环境系统结构和功能发生变化，对人类和其他生物的正常生存和发展产生不利影响的现象。污染物进入生态系统，参与生态系统的物质循环，势必对生态系统的组分、结构和功能产生某些影响，这种表现在生态系统中的响应即为污染生态效应。这种响应的主体既包括生物个体（植物、动物、微生物和人类本身），也包括生物群体（种群和群落），甚至整个生态系统。

（一）个体生态效应

指环境污染在生物个体层次上的一些影响，如行为改变、繁殖能力下降、生长和发育受抑制、产量下降、死亡等。

（二）种群生态效应

污染物在种群层次上的影响，如种群的密度、繁殖、数量动态、中间关系、种群进化等的影响。

（三）群落和生态系统效应

污染物对生态系统结构和功能的影响，包括生态系统组成成分、结构以及物质循环、能量流动、信息传递和系统动态进化等。

二、环境污染生态效应发生的机制

由于污染物的种类不同，生态系统与生物个体千差万别，所以生态效应的发生及其机制也多种多样。总的来说，发生的机制包括物理机制、化学机制、生物学机制和综合机制。

（一）物理机制

污染物可以在生态系统中发生渗透、蒸发、凝聚、吸附、扩散、沉降、放射性蜕变等许多物理过程，伴随着这些物理过程，生态系统中某些因子的物理性质也会发生改变，从而影响到生态系统的稳定性，导致各个层次生态效应的发生。

（二）化学机制

化学机制主要指化学污染物与生态系统中的无机环境各要素之间发生的化学作用，导致污染物的存在形式不断发生变化，其对生物的毒性及产生的生态效应也随之不断改变。如土壤中的重金属，当它们的形态不同时，产生的生态效应也往往不同。许多化合物如农药、氮氧化物、碳氢化物等在阳光作用下会发生一系列的光化学反应，产生异构化、水解、置换、分解、氧化等作用。

（三）生物学机制

生物学机制指污染物进入生物体以后，对生物体的生长、新陈代谢、生理生化过程所产生的各种影响，如对植物的细胞发育、组织分化以及植物体的吸收机能、光合作用、呼吸作用、蒸腾作用、反应酶的活性与组成，次生物质代谢等一系列过程的影响。重要的生物机制包括生物体的富集机制和生物体的吸收、代谢、降解与转化机制。

（四）综合机制

污染物进入生态系统产生污染生态效应，往往综合了多种物理、化学和生物学的过程，并且往往是多种污染物共同作用，形成复合污染效应，比如光化学烟雾就是由氮氧化物和碳氢化合物造成的复合污染。复合污染生态效应主要包括协同、加合、拮抗、竞争、保护、抑制等作用。

三、环境污染的种群生态效应

（一）污染对种群动态的影响

污染物对种群动态的影响主要表现为种群数量的改变、种群性别比和年龄结构的变化、种群增长率的改变、种群调节机制的改变等。

一般来说，污染物可以导致个体数量减少，种群密度下降；一些污染物也能够导致种群数量的增加和种群密度上升，如富营养化水体中藻类种群密度的上升。

一些污染物具有动物和人体激素的活性，这些物质能干扰和破坏野生动物和人类的内分泌功能，导致野生动物繁殖障碍，甚至能诱发人类重大疾病。

很多种污染物可以增加生物个体的病死率，降低其出生率，一方面会使种群的年龄结构趋向老化，另一方面降低了种群的增长率。当这种情况严重时，种群将趋向于灭绝，如果部分个体的死亡增加了种群中其他个体的存活概率，则种群能够达到一种新的平衡。

环境污染还可以通过改变种群的生活史进程而影响种群的动态。污染物可以作用于发育期的胚胎使其致死或致畸，可以延缓或加快生物体的生长或发育过程，还能够通过改变生物的生长模式和性成熟期等改变种群的生活史进程。

（二）污染对种间关系的影响

种间关系包括捕食、竞争、寄生和共生等。污染物通过影响生物体的生理代谢功能，使之出现各种异常生理、心理及行为反应，从而改变原有的种间关系。

污染能够改变或逆转种间竞争关系，如在非污染环境中的优势种，可能会变成污染环境中的伴生种甚至偶见种。

污染物可以影响种间的寄生关系，它们可以通过影响寄生物和寄主来破坏寄生关系，也可以通过影响与寄生物有拮抗作用和协同作用的其他有机体与寄生物的平衡而影响寄生关系。

（三）污染对种群进化的影响

环境污染是一种人为的选择压力，这种人为选择压力也对生物产生影响，导致种群的进化。生物对污染物的抗性是污染胁迫下种群进化的动力，污染胁迫下种群的进化过程实际上是抗性基因出现频率逐渐增加的过程。抗性是有机体暴露在逆境时成功进行各项固有活动的能力，生物有机体对污染物的抗性有两种基本类型：回避性和耐受性，如机体的表皮组织对大气污染物具有一定的阻挡能力就是一种回避性，而生长在重金属严重污染环境中的某些植物体内具有很高的金属含量，但是还能够正常地生长发育，这就是一种耐受性。

四、环境污染的生态系统效应

进入环境的污染物对群落与生态系统的结构和功能都会产生作用和影响。在整个生态系统内，其影响是污染物在种群、个体及个体以下的水平产生影响的集合。

（一）污染物对生态系统组成和结构的影响

污染物可以导致生态系统组成和结构的改变。当污染物进入生态系统后，常常导致生态系统中的某些因子发生变化，使生态系统的非生物组成和生物组成都发生变化。一方面，污染物质会造成生态系统中非生物环境的变化，污染物本身的引入就改变了生态系统中非生物环境组成，污染物与生态系统中的非生物组分发生化学反应也可能使环境的组成发生变化，污染物还会对某些生物体产生毒性，使这些生物的新陈代谢及其产物发生改变，从而改变非生物环境；另一方面，污染物质还会造成生态系统中生物组成的变化，污染物通常对生物具有毒性，当污染物质的数量过大，或影响时间过长时，有可能造成生态系统中某些生物种类的大量死亡甚至消失，导致生物种类的组成发生变化，使生物多样性降低。污染物质进入生态系统后，通过对生态系统组成成分等的影响，影响生态系统结构。

（二）污染物对生态系统功能的影响

污染物进入生态系统后，由于生态系统的结构发生了变化，生态系统的能流、物流和信息流也会发生相应的变化。

污染会影响生态系统的初级生产量，当进入环境中的污染物达到足够数量时，初级生产者会受到严重的伤害，并反映出可见症状，如伤斑、枯萎甚至死亡，导致初级生产量下降。污染物也可以通过减少重要营养元素的生物可利用性、减少光合作用、增加呼吸作用、增加病虫害胁迫等途径使初级生产量下降。

污染物还能够影响生态系统的物质循环，一方面，污染物能够在营养循环的一些作用点上影响营养物质的动态，如改变有机物质的分解和矿化速率、营养物质吸收状况等影响生态系统的物质循环；另一方面，污染物还能够通过影响分解者来影响生态系统的物质循环，如重金属能抑制生态系统中的微生物种群，使有机质的分解和矿化速率降低。污染物还可以通过改变营养物质的生物有效性和循环的途径而影响生态系统的物质循环，如酸雨能够加速养分从土壤中淋失的速率，改变土壤矿物的风化速率，从而影响生态系统中的营养循环过程。

第二节　生态监测与生态评价

环境污染危害监测与评价的发展历程和经验表明，要对其影响和危害作出全面、准确的评估，只进行环境要素，如大气、水、土壤等介质中的化学物质或有害物理因子的测定，往往具有一定的局限性。因此，具有明显“综合性”特点的生态监测与评价方法受到了高度重视。近些年来，随着新技术新方法的进步，生态监测有了新的内涵和发展，成为环境质量监测的重要手段。

一、生态监测

（一）生态监测的概念及理论依据

1. 生态监测的概念

生态监测是在地球的全部或局部范围内观察和收集生命支持能力的数据并加以分析研究，以了解生态环境的现状和变化。

生物监测的目的是：①了解所研究地区生态系统的现状及其变化；②根据现状及变化趋势为评价已开发项目对生态环境的影响和计划开发项目可能造成的影响提供科学依据；③提供地球资源状况及其可利用数量。

2. 生态监测的理论依据

(1)生态监测的基础

生命与环境的统一性和协同进化,生命及生态系统在其发展进化过程中不断地改变环境,形成了生物与环境间的相互补偿和协同发展的关系。因此,生物的变化既是某一区域内环境变化的一个组成部分,同时又可作为环境改变的一种指示和象征。

(2)生态监测的可能性——生物适应的相对性与生物的适应具有相对性

相对性是指生物为适应环境而发生某些变异。另外,生物适应能力不是无限的,而是有一个适应范围(生态幅),超过这个范围,生物就表现出不同程度的损害特征。所以群落的结构特征参数,如种的多样性,种的丰度、均匀度以及优势度和群落相似性等常被选作生态监测的指标。

(3)污染的生态监测依据——生物的富集能力

通过生物富集,重金属或某种难分解物质在食物链的不同营养级的生物体内不断积累,由低营养级到高营养级的生物体内污染物浓度逐步升高;同一营养级的生物,随着个体发育,生物体内的污染物浓度也不断上升。系统的生态过程使某些有害物质在生态系统中得到传递和放大。当这些物质超过生物所能承受的浓度后,将对生物乃至整个群落造成影响或损伤,并通过各种形式表现出来。因此,污染的生态监测就是以此为依据,分析和判断各种污染物在环境中的行为和危害。

(4)生态监测结果的可比性——生命具有共同特征

生命系统、生态系统具有许多共同特征,这使得生态监测结果具有可比性。如各种生物的共同特征决定了生物对同一环境因素变化的忍受能力有一定的范围,即不同地区的同种生物抵抗某种环境压力或对某生态要素的需求基本相同。同时,生态系统基本结构和功能的一致性也使得生态监测具有可比性。可以根据系统结构是否缺损、能量转化效率、污染物的生物富集和生物放大效应等指标,判断分析环境污染及人为干扰的生态影响。

(二)生态监测的分类

根据生态监测的对象和空间尺度,可分为宏观生态监测和微观生态监测。

宏观生态监测是指对区域范围内各类生态系统的组合方式、镶嵌特征、动态变化和空间分布格局等及其在人类活动影响下的变化情况进行观察和测定。例如,热带雨林、沙漠化生态系统、湿地生态系统等。宏观生态监测的地域等级从小的区域生态系统扩展到全球。

微观生态监测是指对某一特定生态系统或生态系统聚合体的结构和功能特征及其在人类活动影响下的变化进行监测。微观生态监测通常以物理、化学及生物学的方法提取生态系统各个组分的信息。根据监测的具体内容，微观生态监测可分为 4 种。

(1)干扰性生态监测。通过对生态因子的监测，研究人类生产生活对生态系统结构和功能的影响，分析生态系统结构对各种干扰的响应。

(2)污染性生态监测。监测生态系统中主要生物体内的污染物浓度以及敏感生物对污染的响应，了解污染物在生态系统中的残留蓄积、迁移转化、浓缩富集规律及响应机制。

(3)治理性生态监测。受破坏或退化的生态系统实施生态修复重建过程中，为了全面掌握修复重建的实际效果、恢复过程及趋势等，对其主要的生态因子开展监测。

(4)环境质量现状评价生态监测。通过对生态因子的监测，获得相关数据资料，为环境质量现状评价提供依据。

(三)生态监测的指标体系

生态监测指标体系主要指一系列能敏感清晰地反映生态系统基本特征及生态环境变化趋势的项目。针对不同生态类型，指标体系有所不同。其中，陆生生态系统如森林生态系统、草地生态系统、农田生态系统、荒漠生态系统以及城市生态系统等，重点监测内容应包括气象、水文、土壤、植物生长发育、植被组成以及动物分布等；水域生态系统包括淡水生态系统和海洋生态系统，重点监测内容主要有水动力、水温、水质以及水生生物组成及生长发育等。

对生态系统进行监测，一般应设置常规监测指标(表 6-1)以及重点监测指标和应急检测指标。

表 6-1　生态监测常规指标(引自付运芝等)

要素	常规指标
气象	气温、温度、主导风向、风速、年降水量及其时空分布、蒸发量、土壤温度梯度、有效积温、大气干湿沉降物的量及其化学组成、日照和辐射强度等
水文	地表水化学组成、地下水水位及化学组成、地表径流量、侵蚀模数、水温、水深、水色、透明度、气味、pH、油类、重金属、氨氮、亚硝酸盐、酚、氰化物、硫化物、农药、异味等
土壤	土壤类别，土种、营养元素含量、pH、有机质含量、土壤交换当量、土壤团粒构成、空隙度、容量、透水率、光能利用率、土壤微生物、总盐分含量及其主要离子组成含量，土壤农药、重金属及其他有毒物质的积累量等

续表

要素	常规指标
植物	植物群落及高等植物、低等植物种类、数量，种植密度、指示植物、指示群落、覆盖率、生物量、生长量、光能利用率、珍稀植物及其分布特征以及植物体、果实或种子中农药、重金属、亚硝酸盐等有毒物质的含量，土壤农药、重金属及其他有毒物质的积累量等
动物	动物种类、种群密度、数量、生活习性、食物链、消长情况、珍稀野生动物的数量及动态、动物体内农药、重金属、亚硝酸盐等有毒物质的富集量等
微生物	微生物种群数量、分布及其密度和季节动态变化、生物量、热值、土壤酶类与活性、呼吸强度、固氮菌及其固氮量、致病细菌和大肠杆菌的总数等
人类活动	人口密度、资源开发强度、生产力水平、退化土地治理率、基本农田保存率、水资源利用率、有机物质有效利用率、工农业生产污染排放强度等

二、生态评价

（一）生态评价的概念

生态评价也称生态环境评价，包括生态环境质量评价及生态环境影响评价。生态环境质量评价是按照一定的评价标准和运用综合评价方法，对某一区域的生态环境质量进行评定及预测。可为生态环境规划及生态环境建设提供科学依据。生态环境影响评价是通过许多生物和生态概念的方法，对人类开发建设活动可能导致的生态环境影响进行分析和预测。其目的是为了确定某一地区的生态负荷及环境容量，为制定环境区域规划及环境法规等提供科学依据，以期获得资源利用率最高、经济效益最好、生态影响最小的良性开发。

生态评价是一个综合、整体的概念，蕴含着社会、经济、自然复合生态的内容，强调实现人与自然共同演进、和谐发展、共生共荣，是一种可持续发展模式。

生态评价包含三个子系统，分别为：

(1)经济子系统，其表现为采用可持续的生产、消费、交通和住区发展模式，实现清洁生产和文明消费，不仅重视经济增长数量，更追求质量的提高；提高资源的再生和综合利用水平。还要考虑区域发展能力建设，如产业结构合理程度等。经济子系统是建设生态区域的物质基础和必要条件。

(2)社会子系统，其表现为人们有自觉的生态意识、生态伦理和环境价值观，提倡节约资源和能源的可持续消费方式。生活质量、人口数量、人口质量及健康水平与社会进步、经济发展相适应，有一个保障人人平等自由、教育公正的社会环境并且高效管理基础设施建设、社会福利等方面，最大限度地促进人与自然的和谐。

(3)自然环境子系统，其表现为发展以保护自然为基础，与环境的承载能力相协调，自然环境及其演进过程得到最大限度的保护，合理利用一切自然资源和保护生命支持系统，开发建设始终保持在环境承载能力之内。

(二)生态评价的目标与任务

生态评价是以区域生态系统为评价对象，为实现循环经济的目标，依据循环经济和生态经济学理论，运用科学的方法和手段来评价和监测区域生态系统的发展状态、发展水平和发展趋势，为指导循环经济提供决策依据。

生态评价是循环经济发展从理论探讨阶段进入实际操作阶段的前提，通过评价应达到以下具体目标：

(1)对生态系统运行现状进行评价。通过生态评价来反映生态系统的运行状况，判断和测度生态的发展水平、有利条件和不利条件，为各级政府、有关部门、企业和公众了解循环经济发展现状提供科学的判断依据。

(2)监测生态系统状态的变化趋势。通过应用长时间连续性的生态评价数据，全面反映生态系统各方面状态的变化趋势、寻找不利变化的因素，及时扭转不利的变化趋势，使其回归到良性发展的轨道。

(3)预警。在生态系统中，对于既定的经济社会发展目标，输入端的物质投入量(特别是不可再生资源的开采、投入量)、输出端的废弃物排放量、资源利用率和循环利用率等都有一个合理的运行范围，如果超出了正常合理范围，生态系统将是不可持续的。因此，要在建立有关警戒标准的基础上，建立生态预警系统，以便及时采取调控手段，使经济社会发展处于安全范围内运行。

(4)为优化管理决策提供依据。通过生态评价了解生态发展状况，发现阻碍其发展的不利环节，为优化管理决策提供科学的依据。

因此，生态评价对于各级地方政府和各个决策部门在推进循环经济发展过程中都是不可缺少的政策性工具，也是促进公众参与循环经济的重要信息来源。

生态评价的主要任务是认识生态环境的特点与功能，明确人类活动对生态环境影响的性质及程度，提出为维持生态环境功能和自然资源可持续利用而应采取的对策和措施。

(1)保护生态系统的整体性,生态系统是有层次的结构整体。构成生态系统的生物因子和非生物因子相互联系、彼此制约,形成具有复杂关系的结构整体,其中任何一个因子发生变化或受到损害,都会影响到系统的整体结构,甚至造成不可逆的变化。例如,在成层分布的热带雨林,砍伐掉最高层次的望天树,其下层喜阴的林木就会因不堪热带骄阳的暴晒而受到损害或枯萎,系统也会因此失去平衡。因此,在进行生态环境影响评价时,应注重生态系统因子间的相互关系和整体性分析。把握其整体性,可起到提纲挈领之效。

(2)保护生物多样性,生物多样性有基因(遗传)多样性、物种多样性和生态系统多样性三个层次。

(3)保护区域性生态环境,区域性生态环境问题(包括水土流失、沙漠化、次生盐渍化等)是制约区域可持续发展的主要因素。拟议的建设活动不仅不应加剧区域环境问题,而且应有助区域生态环境的改善。事实上,任何开发建设活动的生态环境影响都具有一定的区域性特点。因此,生态环境影响评价应把握区域性观点,注重区域性生态环境问题的阐明,提出解决问题的途径。

(4)合理利用自然资源,保持生态系统的再生能力。自然生态系统都具有一定的再生和恢复功能,但是,生态系统的调节能力是有限的,如果人类过度开发利用自然资源,就会造成生态系统功能的退化。

(5)保护生存性资源。水资源和土地资源是人类生存和发展所依赖的基本物质基础,也是保障区域可持续发展的先决条件。由于我国人口众多,水资源和耕地资源相对紧缺,而城市、村镇发展和项目建设还在不断地占用有限的耕地资源,水体污染加剧的趋势还没有得到有效遏止,因此在进行生态环境影响评价时,应注重对水资源和土地资源等生存性资源的保护。

(三)评价方法

当前,常采用的生态评价方法主要包括图形叠加法、生态机制分析、类比法、列表清单法、质量指标法、景观生态学方法、生产力评价法和数学评价法等。

生态学是自然保护的基础,所以要了解一个保护区的意义和作用,对其进行生态评价是十分重要的事情,对一个保护区进行生态评价,实际上是对其中各个生态系统特别是起主要作用的生态系统本身质量的评价,因此生态评价本身既是对自然的客观认识,同时也涉及人类的生产和生活的影响。

生态系统是由生物和环境所组成的，因此要评价生态系统和整个保护区，首先要分别对动植物物种、生态环境进行评价，然后对生态系统和保护区进行整体性评价，这样才能对保护区有分析的和综合的认识。

（四）生态评价的特点

生态评价实质是一个多属性决策问题，是将多维空间的信息通过一定规则压编到一维空间进行比较，由于不同的评价者对系统目标的理解追求不同，评判方法和角度也不相同，因而评判结果有一定的主观性，对同一系统状态可能有不同的评判结果。所以生态评价不应是对系统状态的精确表述，而只是系统发展趋势的一种相对测度。生态评价包括三个要素：评价者、评价对象、评价参照系。

(1)评价过程受评价者效用原则及个人偏好影响，也受其识别能力和环境状况的局限，具有明显的主观性。

(2)评价对象的信息往往是不完全的、粗糙的、模糊的及随机变化的，具有一定的不确定性。

(3)生态评价比较的是一个多周性的目标系统，生态因子空间不是全序，而是偏序。

评价的标准和参照系难以确定。生态系统具有多样性、区域性的特点，分布于不同区域的同类型生态系统之间，同一区域的不同生态系统无法互为参照，难以有统一的评价标准进行对比。

目前确定评价标准和参照系主要有两种方法：一是在同一生物地理区系内选择未受干扰或少受干扰的同一生态类型系统作为参照系；二是从历史资料中获得评价的生态系统在较少受到人类干扰条件下的状态描述，以此作为参照系。

（五）生态评价的运用与影响

(1)城市绿地的科学评价为绿地的规划和管理提供了参考，对人们正确认识和改造绿地建设起着重要的作用，为城市绿地生态功能的发挥提供了重要的依据和保障。以绿地结构的评价为基础，总结了城市绿地生态功能、服务评价、健康评价的方法和研究进展；提出了城市绿地生态风险评价的基本方法并概括了城市绿地可持续评价的研究方向。

(2)应用生态经济学方法对农业生产技术进行综合评价是农业技术应用决策的重要参考，目前国际上存在各种不同的生态经济学评价方法，许多得到较为广泛的应用。

第三节 植物群落对生态环境的效果评价

植物群落调查是生态影响评价的基础。群落这一概念最初来自植物生态的研究,即在相同时间聚集在同一地段上的各种种群的集合,如森林、灌丛、草原、荒漠或栽培植物群体等,都可称为植物群落。植物群落是自然界植物存在的实体,也是植物种或种群在自然界存在的一种形式和发展的必然结果。植物群落作为植物种群与生态之间的一个集合体,具有自己独有的许多特征,这也是有别于种群和生态系统的根本所在。

传统的对生态系统中植被的描述是在物种水平上进行的。植物功能群的提出有助于理解生态系统中群落的整合性、稳定和演替等生态过程,可以在任何等级的结构中用于各种功能的研究。生态环境影响评价是指对人类开发建设活动可能导致的生态环境影响进行分析和预测,并提出减少影响或改善生态环境的策略和措施。

一、植物群落的基本特征

(一)具有一定的种类组成

每个植物群落都是由一定的植物种群组成的,因此种类组成是区别不同群落的首要特征。一个群落中种类成分的多少及每种的个体数量,是度量群落多样性的基础。

(二)不同物种之间的相互影响

群落中的物种有规律地共处,即在有序状态下生存。植物群落是植物种群的集合体,但不是说一些种的任意组合便是一个群落。一个群落的形成和发展必须经过植物对环境的适应和植物种群之间的相互适应。假定在一块新近形成的裸地上,一个植物群落开始了从无到有的发展过程。绿色植物必为这个群落的先驱者,其中那些最早到达裸地,并可成功定居下来的植物便成为先锋植物。先锋植物适应了各种非生物因子,开始繁衍后代并扩大地盘。随着密度加大,种群内部和种群之间就不可避免地发生相互关系。这种关系主要表现在对生存空间的争夺、光能获取、营养物质利用、排泄物或分泌物的彼此影响。在种间竞争中取胜的植物保存下来,成为最早的群落成员之一。在此过程中不能取胜的种群便开始退出这块地盘。

由此可见，植物群落并非植物种群的简单集合。哪些种群能够组合在一起构成群落，取决于两个条件：第一，必须共同适应它们所处的无机环境；第二，它们内部的相互关系必须取得协调和平衡。因此，研究群落中不同种群之间的关系是阐明群落形成机制的重要内容。

（三）形成群落环境

植物群落对其居住环境产生重大影响，并形成群落环境。如森林中的环境与周围裸地不同，包括光照、温度、湿度与土壤等都经过了植物群落的改造。即使植物非常稀疏的荒漠群落，对土壤等环境条件也有明显的改造作用。

（四）具有一定的结构

植物群落是生态系统的一个结构单位，它本身除具有一定的种类组成外，还具有一系列结构特点，包括形态结构、生态结构和营养结构，如生活型组成、种的分布格局、成层性、季相以及捕食者和被食者的关系等。

（五）一定的动态特征

植物群落是生态系统中具有生命的部分，生命的特征是不停地运动，群落也是如此。其运动形式包括季节动态、年际动态、演替与演化等。

（六）一定的分布范围

每个群落都分布在特定地段或特定生境上，不同群落的生境和分布范围不同。无论从全球范围看还是从区域角度讲，不同植物群落都是按一定规律分布。

二、植物群落在生态系统中的作用

（1）植物群落是物种的载体，在生态系统中汇聚了各类生物资源。植物群落是不同植物在长期环境变化中相互适应而形成的，它聚集了各类野生植物品种资源（如野生稻、野生大豆等）、中草药以及珍稀濒危植物，也为各种动物和其他生物提供着食物来源以及栖息地。因此，植物群落不仅为人类提供赖以生存的种质资源，也是利用、开发和保护其他生物资源的基础。

（2）植物群落是提供生态系统功能的主体。植物生物量占全球总生物量的99%，是生态系统的生产者。植物群落还具备其他重要的生态功能，如吸收大气中的CO_2，减缓温室效应，控制水土流失，减轻水体和大气污染等。植物群落在维持和改善人类生存环境方面具有不可替代的作用。

(3)植物群落是土地基本属性的综合指标。特定的气候、土壤和地形条件发育了不同的植物群落，植物群落则综合反映了土地的基本属性。因此，植物群落的整体状况综合体现了国家的生态本底，是生态恢复和生态建设以及制定土地利用政策的重要依据。

(4)植物群落作为生态系统中的生产者，可以连接无机自然界和有机自然界，将无机自然界中的无机物通过光合作用生成有机物，从而直接或间接地为整个自然界的动物和微生物提供食物，并同时生成氧气，吸入二氧化碳调节空气中氧气和二氧化碳的平衡，从而为生物提供更适合生存的环境。此外，植物还能通过蒸腾作用调节周边的空气湿度，进而调节气候，所以植物群落是生态系统最重要的一环。

三、植物对生态环境影响的评价方法

植物对生态环境评价可以分为生态环境现状评价、影响预测与影响评价。

(一)植物对生态环境现状评价

植物对生态环境现状评价是基于生态环境调查和生态分析，将得到重要信息进行量化，定量或比较精细地描述生态环境的质量状况和存在的问题。植物对生态环境现状评价包括生态系统质量、状态和功能的评价，区域生态环境问题评价，自然资源现状、发展趋势和承受干扰的能力，敏感保护目标状况评价，重大资源环境问题及其产生的历史、现状和发展趋势等。其中，生态系统质量、状况和功能的评价是现状评价的重点。由于系统具有层次性特点，决定着生态系统的评价也具有层次性，一般从两个层次进行评价：一个是生态系统层次上整体质量评价；二是生态因子状况评价。生态系统现状评价，首先重视的是系统整体性评价，其次是结构与稳定状态，再次是系统功能评价，最后是系统面临的压力及存在的环境问题。

(1)植物群落是生态系统的主要组成成分，生态系统中的绿色植物是第一性生产者，它们为其他生物的生存提供了赖以生活的有机物质。地球上每年有机物质的生产量有99%都是植物制造的。因此，在生态系统中，植物的生物量要超过动物生物量的许多倍。如在比利时，对阿当的一个120龄的欧栎山毛榉老林中观测的结果表明，植物体地上部分生物量有275000kg/hm^2，而动物只有600kg/hm^2，而且还主要是土壤动物区系。动物生物量仅是植物地上部分生物量的1/458，即植物是动物的458倍。在美国Green湖的研究中发现，植物生物量是2650000kg/hm^2，动物是53000kg/hm^2，前者是后者的50倍。因此，不论陆地或水生生态系统，植物的生物量都远远超过动物的生物量。

(2)绿色植物的光合作用提供了生态系统运行的能源动力。假若没有植物，生态系统中的各级消费者和还原者就不可能获得生命所必不可少的能量，所以植被是生态系统存在的基础，没有植被就没有能量来源，生态系统也就不能运转，因而也就没有生态系统了。

(3)植被决定了一个生态系统的形态结构。植被不仅为动物和微生物的生存提供了物质和能量，而且植物在生态系统中的空间分布还为动物和微生物提供了不同的栖息场所。植物在地上和地下的成层性生长为动物和微生物的生存创造了丰富的植物异质空间。如一个森林群落中，鸟类的种类和数目是与该群落林冠的层次多少成正比的，而与森林中乔木的种类数无关。因此，植被的结构愈复杂，为动物和微生物所提供的生境就愈多，动物和微生物的种类也就愈丰富，它们的机能也就愈多样。

(4)植被强烈地改变周围环境的能力对生态系统各方面都产生了深刻影响。植物的生命活动不仅受外界环境因素的支配，它本身也影响和改变外界环境。植物群落中的各种植物在适应环境和改造环境的过程中，最终创造出了自己的群落环境，从而为群落内动物和微生物的生存提供了合适的环境。因此，植被对环境的改造作用是生态系统达到稳定状态和生态系统结构复杂分化的基础。

(二)植物对生态环境影响预测

植物对生态环境影响预测是环境影响评价的核心，同时又是最薄弱的部分。生态环境影响是指生态系统受到外来作用时所发生的响应与变化。科学的分析与预估这种响应和变化的趋势，称之为影响预测。

1. 生态环境影响评价

生态环境影响评价(或评估)是对生态环境影响预测的结果进行评价，以确定所发生的生态环境的影响是否显著、严重以及可否对社会和生态接受进行评断。

2. 植物对生态环境影响预测与评价技术方法

植物对生态环境影响预测与评价方法依据预测的问题和对象不同而有不同的选择，不同的学者针对同一预测对象和问题也可能选择不同的预测技术方法。对生态的影响，可采用列表清单法、类比分析法、生态机制分析法、景观生态学法等。

附　录

生态环境立法及有关规范

近年来,我国深入实施山水林田湖草一体化生态保护和修复,开展大规模国土绿化行动,生态环境质量跃上新台阶,天更蓝、山更绿、水更清。法制文明是现代社会进步的主要标志,而在生态文明建设中,单纯依靠人类的道德约束实现对环境的保护是不现实的,只有从权利和义务的分配上,划分自然资源开发的权利,以及生态保护的义务,才能够确保生态文明的不断进步。

目前,我国加快环境保护法律层面的立法步伐,推动完善最严密的法制体系,并涉及各个领域。如《土壤污染防治法》《核安全法》《固体废物污染环境防治法》《环境噪声污染防治法》《长江保护法》等几部新的法律,填补该领域的立法空白,使我国的生态环境法律体系更趋于完善。以上几部法律,具有理念先进、科学民主、手段硬实、模式创新、责任严厉等特点,体现了党和政府保护环境的坚定决心,建设生态文明的强烈愿望,实现中华民族伟大复兴中国梦的坚强意志。

附录一　中华人民共和国固体废物污染环境防治法

中华人民共和国主席令

第四十三号

《中华人民共和国固体废物污染环境防治法》已由中华人民共和国第十三届全国人民代表大会常务委员会第十七次会议于2020年4月29日修订通过，现予公布，自2020年9月1日起施行。

中华人民共和国主席　习近平

2020年4月29日

中华人民共和国固体废物污染环境防治法

（1995年10月30日第八届全国人民代表大会常务委员会第十六次会议通过 2004年12月29日第十届全国人民代表大会常务委员会第十三次会议第一次修订 根据2013年6月29日第十二届全国人民代表大会常务委员会第三次会议《关于修改〈中华人民共和国文物保护法〉等十二部法律的决定》第一次修正 根据2015年4月24日第十二届全国人民代表大会常务委员会第十四次会议《关于修改〈中华人民共和国港口法〉等七部法律的决定》第二次修正 根据2016年11月7日第十二届全国人民代表大会常务委员会第二十四次会议《关于修改〈中华人民共和国对外贸易法〉等十二部法律的决定》第三次修正 2020年4月29日第十三届全国人民代表大会常务委员会第十七次会议第二次修订）

目录

第九章 附则

第一章 总 则

第一条 为了保护和改善生态环境，防治固体废物污染环境，保障公众健康，维护生态安全，推进生态文明建设，促进经济社会可持续发展，制定本法。

第二条 固体废物污染环境的防治适用本法。

固体废物污染海洋环境的防治和放射性固体废物污染环境的防治不适用本法。

第三条 国家推行绿色发展方式，促进清洁生产和循环经济发展。

国家倡导简约适度、绿色低碳的生活方式，引导公众积极参与固体废物污染环境防治。

第四条 固体废物污染环境防治坚持减量化、资源化和无害化的原则。

任何单位和个人都应当采取措施，减少固体废物的产生量，促进固体废物的综合利用，降低固体废物的危害性。

第五条 固体废物污染环境防治坚持污染担责的原则。

产生、收集、贮存、运输、利用、处置固体废物的单位和个人，应当采取措施，防止或者减少固体废物对环境的污染，对所造成的环境污染依法承担责任。

第六条 国家推行生活垃圾分类制度。

生活垃圾分类坚持政府推动、全民参与、城乡统筹、因地制宜、简便易行的原则。

第七条 地方各级人民政府对本行政区域固体废物污染环境防治负责。

国家实行固体废物污染环境防治目标责任制和考核评价制度，将固体废物污染环境防治目标完成情况纳入考核评价的内容。

第八条 各级人民政府应当加强对固体废物污染环境防治工作的领导，组织、协调、督促有关部门依法履行固体废物污染环境防治监督管理职责。

省、自治区、直辖市之间可以协商建立跨行政区域固体废物污染环境的联防联控机制，统筹规划制定、设施建设、固体废物转移等工作。

第九条 国务院生态环境主管部门对全国固体废物污染环境防治工作实施统一监督管理。国务院发展改革、工业和信息化、自然资源、住房城乡建设、交通运输、农业农村、商务、卫生健康、海关等主管部门在各自职责范围内负责固体废物污染环境防治的监督管理工作。

地方人民政府生态环境主管部门对本行政区域固体废物污染环境防治工作实施统

一监督管理。地方人民政府发展改革、工业和信息化、自然资源、住房城乡建设、交通运输、农业农村、商务、卫生健康等主管部门在各自职责范围内负责固体废物污染环境防治的监督管理工作。

第十条　国家鼓励、支持固体废物污染环境防治的科学研究、技术开发、先进技术推广和科学普及,加强固体废物污染环境防治科技支撑。

第十一条　国家机关、社会团体、企业事业单位、基层群众性自治组织和新闻媒体应当加强固体废物污染环境防治宣传教育和科学普及,增强公众固体废物污染环境防治意识。

学校应当开展生活垃圾分类以及其他固体废物污染环境防治知识普及和教育。

第十二条　各级人民政府对在固体废物污染环境防治工作以及相关的综合利用活动中做出显著成绩的单位和个人,按照国家有关规定给予表彰、奖励。

第二章　监督管理

第十三条　县级以上人民政府应当将固体废物污染环境防治工作纳入国民经济和社会发展规划、生态环境保护规划,并采取有效措施减少固体废物的产生量、促进固体废物的综合利用、降低固体废物的危害性,最大限度降低固体废物填埋量。

第十四条　国务院生态环境主管部门应当会同国务院有关部门根据国家环境质量标准和国家经济、技术条件,制定固体废物鉴别标准、鉴别程序和国家固体废物污染环境防治技术标准。

第十五条　国务院标准化主管部门应当会同国务院发展改革、工业和信息化、生态环境、农业农村等主管部门,制定固体废物综合利用标准。

综合利用固体废物应当遵守生态环境法律法规,符合固体废物污染环境防治技术标准。使用固体废物综合利用产物应当符合国家规定的用途、标准。

第十六条　国务院生态环境主管部门应当会同国务院有关部门建立全国危险废物等固体废物污染环境防治信息平台,推进固体废物收集、转移、处置等全过程监控和信息化追溯。

第十七条　建设产生、贮存、利用、处置固体废物的项目,应当依法进行环境影响评价,并遵守国家有关建设项目环境保护管理的规定。

第十八条　建设项目的环境影响评价文件确定需要配套建设的固体废物污染环境防治设施,应当与主体工程同时设计、同时施工、同时投入使用。建设项目的初步设计,应当按照环境保护设计规范的要求，将固体废物污染环境防治内容纳入环境影响评价文件，落实防治固体废物污染环境和破坏生态的措施以及固体废物污染环境防治设施投资概算。

建设单位应当依照有关法律法规的规定，对配套建设的固体废物污染环境防治设施进行验收，编制验收报告，并向社会公开。

第十九条 收集、贮存、运输、利用、处置固体废物的单位和其他生产经营者，应当加强对相关设施、设备和场所的管理和维护，保证其正常运行和使用。

第二十条 产生、收集、贮存、运输、利用、处置固体废物的单位和其他生产经营者，应当采取防扬散、防流失、防渗漏或者其他防止污染环境的措施，不得擅自倾倒、堆放、丢弃、遗撒固体废物。

禁止任何单位或者个人向江河、湖泊、运河、渠道、水库及其最高水位线以下的滩地和岸坡以及法律法规规定的其他地点倾倒、堆放、贮存固体废物。

第二十一条 在生态保护红线区域、永久基本农田集中区域和其他需要特别保护的区域内，禁止建设工业固体废物、危险废物集中贮存、利用、处置的设施、场所和生活垃圾填埋场。

第二十二条 转移固体废物出省、自治区、直辖市行政区域贮存、处置的，应当向固体废物移出地的省、自治区、直辖市人民政府生态环境主管部门提出申请。移出地的省、自治区、直辖市人民政府生态环境主管部门应当及时商经接受地的省、自治区、直辖市人民政府生态环境主管部门同意后，在规定期限内批准转移该固体废物出省、自治区、直辖市行政区域。未经批准的，不得转移。

转移固体废物出省、自治区、直辖市行政区域利用的，应当报固体废物移出地的省、自治区、直辖市人民政府生态环境主管部门备案。移出地的省、自治区、直辖市人民政府生态环境主管部门应当将备案信息通报接受地的省、自治区、直辖市人民政府生态环境主管部门。

第二十三条 禁止中华人民共和国境外的固体废物进境倾倒、堆放、处置。

第二十四条 国家逐步实现固体废物零进口，由国务院生态环境主管部门会同国务院商务、发展改革、海关等主管部门组织实施。

第二十五条 海关发现进口货物疑似固体废物的，可以委托专业机构开展属性鉴别，并根据鉴别结论依法管理。

第二十六条 生态环境主管部门及其环境执法机构和其他负有固体废物污染环境

防治监督管理职责的部门，在各自职责范围内有权对从事产生、收集、贮存、运输、利用、处置固体废物等活动的单位和其他生产经营者进行现场检查。被检查者应当如实反映情况，并提供必要的资料。

实施现场检查，可以采取现场监测、采集样品、查阅或者复制与固体废物污染环境防治相关的资料等措施。检查人员进行现场检查，应当出示证件。对现场检查中知悉的商业秘密应当保密。

第二十七条　有下列情形之一，生态环境主管部门和其他负有固体废物污染环境防治监督管理职责的部门，可以对违法收集、贮存、运输、利用、处置的固体废物及设施、设备、场所、工具、物品予以查封、扣押：

（一）可能造成证据灭失、被隐匿或者非法转移的；

（二）造成或者可能造成严重环境污染的。

第二十八条　生态环境主管部门应当会同有关部门建立产生、收集、贮存、运输、利用、处置固体废物的单位和其他生产经营者信用记录制度，将相关信用记录纳入全国信用信息共享平台。

第二十九条　设区的市级人民政府生态环境主管部门应当会同住房城乡建设、农业农村、卫生健康等主管部门，定期向社会发布固体废物的种类、产生量、处置能力、利用处置状况等信息。

产生、收集、贮存、运输、利用、处置固体废物的单位，应当依法及时公开固体废物污染环境防治信息，主动接受社会监督。

利用、处置固体废物的单位，应当依法向公众开放设施、场所，提高公众环境保护意识和参与程度。

第三十条　县级以上人民政府应当将工业固体废物、生活垃圾、危险废物等固体废物污染环境防治情况纳入环境状况和环境保护目标完成情况年度报告，向本级人民代表大会或者人民代表大会常务委员会报告。

第三十一条　任何单位和个人都有权对造成固体废物污染环境的单位和个人进行举报。

生态环境主管部门和其他负有固体废物污染环境防治监督管理职责的部门应当将固体废物污染环境防治举报方式向社会公布，方便公众举报。

接到举报的部门应当及时处理并对举报人的相关信息予以保密；对实名举报并查证属实的，给予奖励。

举报人举报所在单位的，该单位不得以解除、变更劳动合同或者其他方式对举报人进行打击报复。

第三章 工业固体废物

第三十二条 国务院生态环境主管部门应当会同国务院发展改革、工业和信息化等主管部门对工业固体废物对公众健康、生态环境的危害和影响程度等作出界定，制定防治工业固体废物污染环境的技术政策，组织推广先进的防治工业固体废物污染环境的生产工艺和设备。

第三十三条 国务院工业和信息化主管部门应当会同国务院有关部门组织研究开发、推广减少工业固体废物产生量和降低工业固体废物危害性的生产工艺和设备，公布限期淘汰产生严重污染环境的工业固体废物的落后生产工艺、设备的名录。

生产者、销售者、进口者、使用者应当在国务院工业和信息化主管部门会同国务院有关部门规定的期限内分别停止生产、销售、进口或者使用列入前款规定名录中的设备。生产工艺的采用者应当在国务院工业和信息化主管部门会同国务院有关部门规定的期限内停止采用列入前款规定名录中的工艺。

列入限期淘汰名录被淘汰的设备，不得转让给他人使用。

第三十四条 国务院工业和信息化主管部门应当会同国务院发展改革、生态环境等主管部门，定期发布工业固体废物综合利用技术、工艺、设备和产品导向目录，组织开展工业固体废物资源综合利用评价，推动工业固体废物综合利用。

第三十五条 县级以上地方人民政府应当制定工业固体废物污染环境防治工作规划，组织建设工业固体废物集中处置等设施，推动工业固体废物污染环境防治工作。

第三十六条 产生工业固体废物的单位应当建立健全工业固体废物产生、收集、贮存、运输、利用、处置全过程的污染环境防治责任制度，建立工业固体废物管理台账，如实记录产生工业固体废物的种类、数量、流向、贮存、利用、处置等信息，实现工业固体废物可追溯、可查询，并采取防治工业固体废物污染环境的措施。

禁止向生活垃圾收集设施中投放工业固体废物。

第三十七条 产生工业固体废物的单位委托他人运输、利用、处置工业固体废物的，应当对受托方的主体资格和技术能力进行核实，依法签订书面合同，在合同中约定污染防治要求。

受托方运输、利用、处置工业固体废物，应当依照有关法律法规的规定和合同约定履行污染防治要求，并将运输、利用、处置情况告知产生工业固体废物的单位。

产生工业固体废物的单位违反本条第一款规定的，除依照有关法律法规的规定予以处罚外，还应当与造成环境污染和生态破坏的受托方承担连带责任。

第三十八条　产生工业固体废物的单位应当依法实施清洁生产审核，合理选择和利用原材料、能源和其他资源，采用先进的生产工艺和设备，减少工业固体废物的产生量，降低工业固体废物的危害性。

第三十九条　产生工业固体废物的单位应当取得排污许可证。排污许可的具体办法和实施步骤由国务院规定。

产生工业固体废物的单位应当向所在地生态环境主管部门提供工业固体废物的种类、数量、流向、贮存、利用、处置等有关资料，以及减少工业固体废物产生、促进综合利用的具体措施，并执行排污许可管理制度的相关规定。

第四十条　产生工业固体废物的单位应当根据经济、技术条件对工业固体废物加以利用；对暂时不利用或者不能利用的，应当按照国务院生态环境等主管部门的规定建设贮存设施、场所，安全分类存放，或者采取无害化处置措施。贮存工业固体废物应当采取符合国家环境保护标准的防护措施。

建设工业固体废物贮存、处置的设施、场所，应当符合国家环境保护标准。

第四十一条　产生工业固体废物的单位终止的，应当在终止前对工业固体废物的贮存、处置的设施、场所采取污染防治措施，并对未处置的工业固体废物作出妥善处置，防止污染环境。

产生工业固体废物的单位发生变更的，变更后的单位应当按照国家有关环境保护的规定对未处置的工业固体废物及其贮存、处置的设施、场所进行安全处置或者采取有效措施保证该设施、场所安全运行。变更前当事人对工业固体废物及其贮存、处置的设施、场所的污染防治责任另有约定的，从其约定；但是，不得免除当事人的污染防治义务。

对 2005 年 4 月 1 日前已经终止的单位未处置的工业固体废物及其贮存、处置的设施、场所进行安全处置的费用，由有关人民政府承担；但是，该单位享有的土地使用权依法转让的，应当由土地使用权受让人承担处置费用。当事人另有约定的，从其约定；但是，不得免除当事人的污染防治义务。

第四十二条　矿山企业应当采取科学的开采方法和选矿工艺，减少尾矿、煤矸石、废石等矿业固体废物的产生量和贮存量。

国家鼓励采取先进工艺对尾矿、煤矸石、废石等矿业固体废物进行综合利用。

尾矿、煤矸石、废石等矿业固体废物贮存设施停止使用后，矿山企业应当按照国家有关环境保护等规定进行封场，防止造成环境污染和生态破坏。

第四章 生活垃圾

第四十三条　县级以上地方人民政府应当加快建立分类投放、分类收集、分类运输、分类处理的生活垃圾管理系统，实现生活垃圾分类制度有效覆盖。

县级以上地方人民政府应当建立生活垃圾分类工作协调机制，加强和统筹生活垃圾分类管理能力建设。

各级人民政府及其有关部门应当组织开展生活垃圾分类宣传，教育引导公众养成生活垃圾分类习惯，督促和指导生活垃圾分类工作。

第四十四条　县级以上地方人民政府应当有计划地改进燃料结构，发展清洁能源，减少燃料废渣等固体废物的产生量。

县级以上地方人民政府有关部门应当加强产品生产和流通过程管理，避免过度包装，组织净菜上市，减少生活垃圾的产生量。

第四十五条　县级以上人民政府应当统筹安排建设城乡生活垃圾收集、运输、处理设施，确定设施厂址，提高生活垃圾的综合利用和无害化处置水平，促进生活垃圾收集、处理的产业化发展，逐步建立和完善生活垃圾污染环境防治的社会服务体系。

县级以上地方人民政府有关部门应当统筹规划，合理安排回收、分拣、打包网点，促进生活垃圾的回收利用工作。

第四十六条　地方各级人民政府应当加强农村生活垃圾污染环境的防治，保护和改善农村人居环境。

国家鼓励农村生活垃圾源头减量。城乡结合部、人口密集的农村地区和其他有条件的地方，应当建立城乡一体的生活垃圾管理系统；其他农村地区应当积极探索生活垃圾管理模式，因地制宜，就近就地利用或者妥善处理生活垃圾。

第四十七条　设区的市级以上人民政府环境卫生主管部门应当制定生活垃圾清扫、收集、贮存、运输和处理设施、场所建设运行规范，发布生活垃圾分类指导目录，加强监督管理。

第四十八条　县级以上地方人民政府环境卫生等主管部门应当组织对城乡生活垃圾进行清扫、收集、运输和处理，可以通过招标等方式选择具备条件的单位从事生活垃圾的清扫、收集、运输和处理。

第四十九条　产生生活垃圾的单位、家庭和个人应当依法履行生活垃圾源头减量和分类投放义务，承担生活垃圾产生者责任。

任何单位和个人都应当依法在指定的地点分类投放生活垃圾。禁止随意倾倒、抛撒、堆放或者焚烧生活垃圾。

机关、事业单位等应当在生活垃圾分类工作中起示范带头作用。

已经分类投放的生活垃圾，应当按照规定分类收集、分类运输、分类处理。

第五十条　清扫、收集、运输、处理城乡生活垃圾，应当遵守国家有关环境保护和环境卫生管理的规定，防止污染环境。

从生活垃圾中分类并集中收集的有害垃圾，属于危险废物的，应当按照危险废物管理。

第五十一条　从事公共交通运输的经营单位，应当及时清扫、收集运输过程中产生的生活垃圾。

第五十二条　农贸市场、农产品批发市场等应当加强环境卫生管理，保持环境卫生清洁，对所产生的垃圾及时清扫、分类收集、妥善处理。

第五十三条　从事城市新区开发、旧区改建和住宅小区开发建设、村镇建设的单位，以及机场、码头、车站、公园、商场、体育场馆等公共设施、场所的经营管理单位，应当按照国家有关环境卫生的规定，配套建设生活垃圾收集设施。

县级以上地方人民政府应当统筹生活垃圾公共转运、处理设施与前款规定的收集设施的有效衔接，并加强生活垃圾分类收运体系和再生资源回收体系在规划、建设、运营等方面的融合。

第五十四条　从生活垃圾中回收的物质应当按照国家规定的用途、标准使用，不得用于生产可能危害人体健康的产品。

第五十五条　建设生活垃圾处理设施、场所，应当符合国务院生态环境主管部门和国务院住房城乡建设主管部门规定的环境保护和环境卫生标准。

鼓励相邻地区统筹生活垃圾处理设施建设，促进生活垃圾处理设施跨行政区域共建共享。

禁止擅自关闭、闲置或者拆除生活垃圾处理设施、场所；确有必要关闭、闲置或者拆除的，应当经所在地的市、县级人民政府环境卫生主管部门商所在地生态环境主管部门同意后核准，并采取防止污染环境的措施。

第五十六条　生活垃圾处理单位应当按照国家有关规定，安装使用监测设备，实时监测污染物的排放情况，将污染排放数据实时公开。监测设备应当与所在地生态环境主管部门的监控设备联网。

第五十七条　县级以上地方人民政府环境卫生主管部门负责组织开展厨余垃圾资源化、无害化处理工作。

产生、收集厨余垃圾的单位和其他生产经营者，应当将厨余垃圾交由具备相应资质条件的单位进行无害化处理。

禁止畜禽养殖场、养殖小区利用未经无害化处理的厨余垃圾饲喂畜禽。

第五十八条　县级以上地方人民政府应当按照产生者付费原则，建立生活垃圾处理收费制度。

县级以上地方人民政府制定生活垃圾处理收费标准，应当根据本地实际，结合生活垃圾分类情况，体现分类计价、计量收费等差别化管理，并充分征求公众意见。生活垃圾处理收费标准应当向社会公布。

生活垃圾处理费应当专项用于生活垃圾的收集、运输和处理等，不得挪作他用。

第五十九条　省、自治区、直辖市和设区的市、自治州可以结合实际，制定本地方生活垃圾具体管理办法。

第五章　建筑垃圾、农业固体废物等

第六十条　县级以上地方人民政府应当加强建筑垃圾污染环境的防治，建立建筑垃圾分类处理制度。

县级以上地方人民政府应当制定包括源头减量、分类处理、消纳设施和场所布局及建设等在内的建筑垃圾污染环境防治工作规划。

第六十一条　国家鼓励采用先进技术、工艺、设备和管理措施，推进建筑垃圾源头减量，建立建筑垃圾回收利用体系。

县级以上地方人民政府应当推动建筑垃圾综合利用产品应用。

第六十二条　县级以上地方人民政府环境卫生主管部门负责建筑垃圾污染环境防治工作，建立建筑垃圾全过程管理制度，规范建筑垃圾产生、收集、贮存、运输、利用、处置行为，推进综合利用，加强建筑垃圾处置设施、场所建设，保障处置安全，防止污染环境。

第六十三条　工程施工单位应当编制建筑垃圾处理方案，采取污染防治措施，并报县级以上地方人民政府环境卫生主管部门备案。

工程施工单位应当及时清运工程施工过程中产生的建筑垃圾等固体废物，并按照环境卫生主管部门的规定进行利用或者处置。

工程施工单位不得擅自倾倒、抛撒或者堆放工程施工过程中产生的建筑垃圾。

第六十四条　县级以上人民政府农业农村主管部门负责指导农业固体废物回收利用体系建设，鼓励和引导有关单位和其他生产经营者依法收集、贮存、运输、利用、处置农业固体废物，加强监督管理，防止污染环境。

第六十五条　产生秸秆、废弃农用薄膜、农药包装废弃物等农业固体废物的单位和其他生产经营者，应当采取回收利用和其他防止污染环境的措施。

从事畜禽规模养殖应当及时收集、贮存、利用或者处置养殖过程中产生的畜禽粪污等固体废物，避免造成环境污染。

禁止在人口集中地区、机场周围、交通干线附近以及当地人民政府划定的其他区域露天焚烧秸秆。

国家鼓励研究开发、生产、销售、使用在环境中可降解且无害的农用薄膜。

第六十六条　国家建立电器电子、铅蓄电池、车用动力电池等产品的生产者责任延伸制度。

电器电子、铅蓄电池、车用动力电池等产品的生产者应当按照规定以自建或者委托等方式建立与产品销售量相匹配的废旧产品回收体系，并向社会公开，实现有效回收和利用。

国家鼓励产品的生产者开展生态设计，促进资源回收利用。

第六十七条　国家对废弃电器电子产品等实行多渠道回收和集中处理制度。

禁止将废弃机动车船等交由不符合规定条件的企业或者个人回收、拆解。

拆解、利用、处置废弃电器电子产品、废弃机动车船等，应当遵守有关法律法规的规定，采取防止污染环境的措施。

第六十八条　产品和包装物的设计、制造，应当遵守国家有关清洁生产的规定。国务院标准化主管部门应当根据国家经济和技术条件、固体废物污染环境防治状况以及产品的技术要求，组织制定有关标准，防止过度包装造成环境污染。

生产经营者应当遵守限制商品过度包装的强制性标准，避免过度包装。县级以上地方人民政府市场监督管理部门和有关部门应当按照各自职责，加强对过度包装的监督管理。

生产、销售、进口依法被列入强制回收目录的产品和包装物的企业，应当按照国家有关规定对该产品和包装物进行回收。

电子商务、快递、外卖等行业应当优先采用可重复使用、易回收利用的包装物，优化物品包装，减少包装物的使用，并积极回收利用包装物。县级以上地方人民政府商务、邮政等主管部门应当加强监督管理。

国家鼓励和引导消费者使用绿色包装和减量包装。

第六十九条　国家依法禁止、限制生产、销售和使用不可降解塑料袋等一次性塑料制品。

商品零售场所开办单位、电子商务平台企业和快递企业、外卖企业应当按照国家有关规定向商务、邮政等主管部门报告塑料袋等一次性塑料制品的使用、回收情况。

国家鼓励和引导减少使用、积极回收塑料袋等一次性塑料制品，推广应用可循环、易回收、可降解的替代产品。

第七十条　旅游、住宿等行业应当按照国家有关规定推行不主动提供一次性用品。

机关、企业事业单位等的办公场所应当使用有利于保护环境的产品、设备和设施，减少使用一次性办公用品。

第七十一条　城镇污水处理设施维护运营单位或者污泥处理单位应当安全处理污泥，保证处理后的污泥符合国家有关标准，对污泥的流向、用途、用量等进行跟踪、记录，并报告城镇排水主管部门、生态环境主管部门。

县级以上人民政府城镇排水主管部门应当将污泥处理设施纳入城镇排水与污水处理规划，推动同步建设污泥处理设施与污水处理设施，鼓励协同处理，污水处理费征收标准和补偿范围应当覆盖污泥处理成本和污水处理设施正常运营成本。

第七十二条　禁止擅自倾倒、堆放、丢弃、遗撒城镇污水处理设施产生的污泥和处理后的污泥。

禁止重金属或者其他有毒有害物质含量超标的污泥进入农用地。

从事水体清淤疏浚应当按照国家有关规定处理清淤疏浚过程中产生的底泥，防止污染环境。

第七十三条　各级各类实验室及其设立单位应当加强对实验室产生的固体废物的管理，依法收集、贮存、运输、利用、处置实验室固体废物。实验室固体废物属于危险废物的，应当按照危险废物管理。

第六章　危险废物

第七十四条　危险废物污染环境的防治，适用本章规定；本章未作规定的，适用本法其他有关规定。

第七十五条　国务院生态环境主管部门应当会同国务院有关部门制定国家危险废物名录，规定统一的危险废物鉴别标准、鉴别方法、识别标志和鉴别单位管理要求。国家危险废物名录应当动态调整。

国务院生态环境主管部门根据危险废物的危害特性和产生数量，科学评估其环境风险，实施分级分类管理，建立信息化监管体系，并通过信息化手段管理、共享危险废物转移数据和信息。

第七十六条　省、自治区、直辖市人民政府应当组织有关部门编制危险废物集中处置设施、场所的建设规划，科学评估危险废物处置需求，合理布局危险废物集中处置设施、场所，确保本行政区域的危险废物得到妥善处置。

编制危险废物集中处置设施、场所的建设规划，应当征求有关行业协会、企业事业单位、专家和公众等方面的意见。

相邻省、自治区、直辖市之间可以开展区域合作，统筹建设区域性危险废物集中处置设施、场所。

第七十七条　对危险废物的容器和包装物以及收集、贮存、运输、利用、处置危险废物的设施、场所，应当按照规定设置危险废物识别标志。

第七十八条　产生危险废物的单位，应当按照国家有关规定制定危险废物管理计划；建立危险废物管理台账，如实记录有关信息，并通过国家危险废物信息管理系统向所在地生态环境主管部门申报危险废物的种类、产生量、流向、贮存、处置等有关资料。

前款所称危险废物管理计划应当包括减少危险废物产生量和降低危险废物危害性的措施以及危险废物贮存、利用、处置措施。危险废物管理计划应当报产生危险废物的单位所在地生态环境主管部门备案。

产生危险废物的单位已经取得排污许可证的，执行排污许可管理制度的规定。

第七十九条　产生危险废物的单位，应当按照国家有关规定和环境保护标准要求贮存、利用、处置危险废物，不得擅自倾倒、堆放。

第八十条　从事收集、贮存、利用、处置危险废物经营活动的单位，应当按照国家有关规定申请取得许可证。许可证的具体管理办法由国务院制定。

禁止无许可证或者未按照许可证规定从事危险废物收集、贮存、利用、处置的经营活动。

禁止将危险废物提供或者委托给无许可证的单位或者其他生产经营者从事收集、贮存、利用、处置活动。

第八十一条　收集、贮存危险废物，应当按照危险废物特性分类进行。禁止混合收集、贮存、运输、处置性质不相容而未经安全性处置的危险废物。

贮存危险废物应当采取符合国家环境保护标准的防护措施。禁止将危险废物混入非危险废物中贮存。

从事收集、贮存、利用、处置危险废物经营活动的单位，贮存危险废物不得超过一年；确需延长期限的，应当报经颁发许可证的生态环境主管部门批准；法律、行政法规另有规定的除外。

第八十二条　转移危险废物的，应当按照国家有关规定填写、运行危险废物电子或者纸质转移联单。

跨省、自治区、直辖市转移危险废物的，应当向危险废物移出地省、自治区、直辖市人民政府生态环境主管部门申请。移出地省、自治区、直辖市人民政府生态环境主管部门应当及时商经接受地省、自治区、直辖市人民政府生态环境主管部门同意后，在规定期限内批准转移该危险废物，并将批准信息通报相关省、自治区、直辖市人民政府生态环境主管部门和交通运输主管部门。未经批准的，不得转移。

危险废物转移管理应当全程管控、提高效率，具体办法由国务院生态环境主管部门会同国务院交通运输主管部门和公安部门制定。

第八十三条　运输危险废物，应当采取防止污染环境的措施，并遵守国家有关危险货物运输管理的规定。

禁止将危险废物与旅客在同一运输工具上载运。

第八十四条　收集、贮存、运输、利用、处置危险废物的场所、设施、设备和容器、包装物及其他物品转作他用时，应当按照国家有关规定经过消除污染处理，方可使用。

第八十五条　产生、收集、贮存、运输、利用、处置危险废物的单位，应当依法制定意外事故的防范措施和应急预案，并向所在地生态环境主管部门和其他负有固体废物污染环境防治监督管理职责的部门备案；生态环境主管部门和其他负有固体废物污染环境防治监督管理职责的部门应当进行检查。

第八十六条　因发生事故或者其他突发性事件，造成危险废物严重污染环境的单位，应当立即采取有效措施消除或者减轻对环境的污染危害，及时通报可能受到污染危害的单位和居民，并向所在地生态环境主管部门和有关部门报告，接受调查处理。

第八十七条　在发生或者有证据证明可能发生危险废物严重污染环境、威胁居民生命财产安全时，生态环境主管部门或者其他负有固体废物污染环境防治监督管理职责的部门应当立即向本级人民政府和上一级人民政府有关部门报告，由人民政府采取防止或者减轻危害的有效措施。有关人民政府可以根据需要责令停止导致或者可能导致环境污染事故的作业。

第八十八条　重点危险废物集中处置设施、场所退役前，运营单位应当按照国家有关规定对设施、场所采取污染防治措施。退役的费用应当预提，列入投资概算或者生产成本，专门用于重点危险废物集中处置设施、场所的退役。具体提取和管理办法，由国务院财政部门、价格主管部门会同国务院生态环境主管部门规定。

第八十九条　禁止经中华人民共和国过境转移危险废物。

第九十条　医疗废物按照国家危险废物名录管理。县级以上地方人民政府应当加强医疗废物集中处置能力建设。

县级以上人民政府卫生健康、生态环境等主管部门应当在各自职责范围内加强对医疗废物收集、贮存、运输、处置的监督管理，防止危害公众健康、污染环境。

医疗卫生机构应当依法分类收集本单位产生的医疗废物，交由医疗废物集中处置单位处置。医疗废物集中处置单位应当及时收集、运输和处置医疗废物。

医疗卫生机构和医疗废物集中处置单位，应当采取有效措施，防止医疗废物流失、泄漏、渗漏、扩散。

第九十一条　重大传染病疫情等突发事件发生时，县级以上人民政府应当统筹协调医疗废物等危险废物收集、贮存、运输、处置等工作，保障所需的车辆、场地、处置设施和防护物资。卫生健康、生态环境、环境卫生、交通运输等主管部门应当协同配合，依法履行应急处置职责。

第七章　保障措施

第九十二条　国务院有关部门、县级以上地方人民政府及其有关部门在编制国土空间规划和相关专项规划时，应当统筹生活垃圾、建筑垃圾、危险废物等固体废物转运、集中处置等设施建设需求，保障转运、集中处置等设施用地。

第九十三条　国家采取有利于固体废物污染环境防治的经济、技术政策和措施，鼓励、支持有关方面采取有利于固体废物污染环境防治的措施，加强对从事固体废物污染环境防治工作人员的培训和指导，促进固体废物污染环境防治产业专业化、规模化发展。

第九十四条　国家鼓励和支持科研单位、固体废物产生单位、固体废物利用单位、固体废物处置单位等联合攻关，研究开发固体废物综合利用、集中处置等的新技术，推动固体废物污染环境防治技术进步。

第九十五条　各级人民政府应当加强固体废物污染环境的防治，按照事权划分的原则安排必要的资金用于下列事项：

（一）固体废物污染环境防治的科学研究、技术开发；

（二）生活垃圾分类；

（三）固体废物集中处置设施建设；

（四）重大传染病疫情等突发事件产生的医疗废物等危险废物应急处置；

（五）涉及固体废物污染环境防治的其他事项。

使用资金应当加强绩效管理和审计监督，确保资金使用效益。

第九十六条　国家鼓励和支持社会力量参与固体废物污染环境防治工作，并按照国家有关规定给予政策扶持。

第九十七条　国家发展绿色金融，鼓励金融机构加大对固体废物污染环境防治项目的信贷投放。

第九十八条　从事固体废物综合利用等固体废物污染环境防治工作的，依照法律、行政法规的规定，享受税收优惠。

国家鼓励并提倡社会各界为防治固体废物污染环境捐赠财产，并依照法律、行政法规的规定，给予税收优惠。

第九十九条　收集、贮存、运输、利用、处置危险废物的单位，应当按照国家有关规定，投保环境污染责任保险。

第一百条　国家鼓励单位和个人购买、使用综合利用产品和可重复使用产品。

县级以上人民政府及其有关部门在政府采购过程中，应当优先采购综合利用产品和可重复使用产品。

第八章　法律责任

第一百零一条　生态环境主管部门或者其他负有固体废物污染环境防治监督管理职责的部门违反本法规定，有下列行为之一，由本级人民政府或者上级人民政府有关部门责令改正，对直接负责的主管人员和其他直接责任人员依法给予处分：

（一）未依法作出行政许可或者办理批准文件的。

（二）对违法行为进行包庇的。

（三）未依法查封、扣押的。

（四）发现违法行为或者接到对违法行为的举报后未予查处的。

（五）有其他滥用职权、玩忽职守、徇私舞弊等违法行为的。

依照本法规定应当作出行政处罚决定而未作出的，上级主管部门可以直接作出行政处罚决定。

第一百零二条　违反本法规定，有下列行为之一，由生态环境主管部门责令改正，处以罚款，没收违法所得；情节严重的，报经有批准权的人民政府批准，可以责令停业或者关闭：

（一）产生、收集、贮存、运输、利用、处置固体废物的单位未依法及时公开固体废物污染环境防治信息的；

（二）生活垃圾处理单位未按照国家有关规定安装使用监测设备、实时监测污染物的排放情况并公开污染排放数据的；

（三）将列入限期淘汰名录被淘汰的设备转让给他人使用的；

（四）在生态保护红线区域、永久基本农田集中区域和其他需要特别保护的区域内，建设工业固体废物、危险废物集中贮存、利用、处置的设施、场所和生活垃圾填埋场的；

（五）转移固体废物出省、自治区、直辖市行政区域贮存、处置未经批准的；

（六）转移固体废物出省、自治区、直辖市行政区域利用未报备案的；

（七）擅自倾倒、堆放、丢弃、遗撒工业固体废物，或者未采取相应防范措施，造成工业固体废物扬散、流失、渗漏或者其他环境污染的；

（八）产生工业固体废物的单位未建立固体废物管理台账并如实记录的；

（九）产生工业固体废物的单位违反本法规定委托他人运输、利用、处置工业固体废物的；

（十）贮存工业固体废物未采取符合国家环境保护标准的防护措施的；

（十一）单位和其他生产经营者违反固体废物管理其他要求，污染环境、破坏生态的。

有前款第一项、第八项行为之一，处五万元以上二十万元以下的罚款；有前款第二项、第三项、第四项、第五项、第六项、第九项、第十项、第十一项行为之一，处十万元以上一百万元以下的罚款；有前款第七项行为，处所需处置费用一倍以上三倍以下的罚款，所需处置费用不足十万元的，按十万元计算。对前款第十一项行为的处罚，有关法律、行政法规另有规定的，适用其规定。

第一百零三条　违反本法规定，以拖延、围堵、滞留执法人员等方式拒绝、阻挠监督检查，或者在接受监督检查时弄虚作假的，由生态环境主管部门或者其他负有固体废物污染环境防治监督管理职责的部门责令改正，处五万元以上二十万元以下的罚款；对直接负责的主管人员和其他直接责任人员，处二万元以上十万元以下的罚款。

第一百零四条 违反本法规定，未依法取得排污许可证产生工业固体废物的，由生态环境主管部门责令改正或者限制生产、停产整治，处十万元以上一百万元以下的罚款；情节严重的，报经有批准权的人民政府批准，责令停业或者关闭。

第一百零五条 违反本法规定，生产经营者未遵守限制商品过度包装的强制性标准的，由县级以上地方人民政府市场监督管理部门或者有关部门责令改正；拒不改正的，处二千元以上二万元以下的罚款；情节严重的，处二万元以上十万元以下的罚款。

第一百零六条 违反本法规定，未遵守国家有关禁止、限制使用不可降解塑料袋等一次性塑料制品的规定，或者未按照国家有关规定报告塑料袋等一次性塑料制品的使用情况的，由县级以上地方人民政府商务、邮政等主管部门责令改正，处一万元以上十万元以下的罚款。

第一百零七条 从事畜禽规模养殖未及时收集、贮存、利用或者处置养殖过程中产生的畜禽粪污等固体废物的，由生态环境主管部门责令改正，可以处十万元以下的罚款；情节严重的，报经有批准权的人民政府批准，责令停业或者关闭。

第一百零八条 违反本法规定，城镇污水处理设施维护运营单位或者污泥处理单位对污泥流向、用途、用量等未进行跟踪、记录，或者处理后的污泥不符合国家有关标准的，由城镇排水主管部门责令改正，给予警告；造成严重后果的，处十万元以上二十万元以下的罚款；拒不改正的，城镇排水主管部门可以指定有治理能力的单位代为治理，所需费用由违法者承担。

违反本法规定，擅自倾倒、堆放、丢弃、遗撒城镇污水处理设施产生的污泥和处理后的污泥的，由城镇排水主管部门责令改正，处二十万元以上二百万元以下的罚款，对直接负责的主管人员和其他直接责任人员处二万元以上十万元以下的罚款；造成严重后果的，处二百万元以上五百万元以下的罚款，对直接负责的主管人员和其他直接责任人员处五万元以上五十万元以下的罚款；拒不改正的，城镇排水主管部门可以指定有治理能力的单位代为治理，所需费用由违法者承担。

第一百零九条 违反本法规定，生产、销售、进口或者使用淘汰的设备，或者采用淘汰的生产工艺的，由县级以上地方人民政府指定的部门责令改正，处十万元以上一百万元以下的罚款，没收违法所得；情节严重的，由县级以上地方人民政府指定的部门提出意见，报经有批准权的人民政府批准，责令停业或者关闭。

第一百一十条　尾矿、煤矸石、废石等矿业固体废物贮存设施停止使用后，未按照国家有关环境保护规定进行封场的，由生态环境主管部门责令改正，处二十万元以上一百万元以下的罚款。

第一百一十一条　违反本法规定，有下列行为之一，由县级以上地方人民政府环境卫生主管部门责令改正，处以罚款，没收违法所得：

（一）随意倾倒、抛撒、堆放或者焚烧生活垃圾的；

（二）擅自关闭、闲置或者拆除生活垃圾处理设施、场所的；

（三）工程施工单位未编制建筑垃圾处理方案报备案，或者未及时清运施工过程中产生的固体废物的；

（四）工程施工单位擅自倾倒、抛撒或者堆放工程施工过程中产生的建筑垃圾，或者未按照规定对施工过程中产生的固体废物进行利用或者处置的；

（五）产生、收集厨余垃圾的单位和其他生产经营者未将厨余垃圾交由具备相应资质条件的单位进行无害化处理的；

（六）畜禽养殖场、养殖小区利用未经无害化处理的厨余垃圾饲喂畜禽的；

（七）在运输过程中沿途丢弃、遗撒生活垃圾的。

单位有前款第一项、第七项行为之一，处五万元以上五十万元以下的罚款；单位有前款第二项、第三项、第四项、第五项、第六项行为之一，处十万元以上一百万元以下的罚款；个人有前款第一项、第五项、第七项行为之一，处一百元以上五百元以下的罚款。

违反本法规定，未在指定的地点分类投放生活垃圾的，由县级以上地方人民政府环境卫生主管部门责令改正；情节严重的，对单位处五万元以上五十万元以下的罚款，对个人依法处以罚款。

第一百一十二条　违反本法规定，有下列行为之一，由生态环境主管部门责令改正，处以罚款，没收违法所得；情节严重的，报经有批准权的人民政府批准，可以责令停业或者关闭：

（一）未按照规定设置危险废物识别标志的；

（二）未按照国家有关规定制定危险废物管理计划或者申报危险废物有关资料的；

（三）擅自倾倒、堆放危险废物的；

（四）将危险废物提供或者委托给无许可证的单位或者其他生产经营者从事经营活动的；

（五）未按照国家有关规定填写、运行危险废物转移联单或者未经批准擅自转移危险废物的；

（六）未按照国家环境保护标准贮存、利用、处置危险废物或者将危险废物混入非危险废物中贮存的；

（七）未经安全性处置，混合收集、贮存、运输、处置具有不相容性质的危险废物的；

（八）将危险废物与旅客在同一运输工具上载运的；

（九）未经消除污染处理，将收集、贮存、运输、处置危险废物的场所、设施、设备和容器、包装物及其他物品转作他用的；

（十）未采取相应防范措施，造成危险废物扬散、流失、渗漏或者其他环境污染的；

（十一）在运输过程中沿途丢弃、遗撒危险废物的；

（十二）未制定危险废物意外事故防范措施和应急预案的；

（十三）未按照国家有关规定建立危险废物管理台账并如实记录的。

有前款第一项、第二项、第五项、第六项、第七项、第八项、第九项、第十二项、第十三项行为之一，处十万元以上一百万元以下的罚款；有前款第三项、第四项、第十项、第十一项行为之一，处所需处置费用三倍以上五倍以下的罚款，所需处置费用不足二十万元的，按二十万元计算。

第一百一十三条　违反本法规定，危险废物产生者未按照规定处置其产生的危险废物被责令改正后拒不改正的，由生态环境主管部门组织代为处置，处置费用由危险废物产生者承担；拒不承担代为处置费用的，处代为处置费用一倍以上三倍以下的罚款。

第一百一十四条　无许可证从事收集、贮存、利用、处置危险废物经营活动的，由生态环境主管部门责令改正，处一百万元以上五百万元以下的罚款，并报经有批准权的人民政府批准，责令停业或者关闭；对法定代表人、主要负责人、直接负责的主管人员和其他责任人员，处十万元以上一百万元以下的罚款。

未按照许可证规定从事收集、贮存、利用、处置危险废物经营活动的，由生态环境主管部门责令改正，限制生产、停产整治，处五十万元以上二百万元以下的罚款；对法定代表人、主要负责人、直接负责的主管人员和其他责任人员，处五万元以上五十万元以下的罚款；情节严重的，报经有批准权的人民政府批准，责令停业或者关闭，还可以由发证机关吊销许可证。

第一百一十五条　违反本法规定，将中华人民共和国境外的固体废物输入境内的，由海关责令退运该固体废物，处五十万元以上五百万元以下的罚款。

承运人对前款规定的固体废物的退运、处置，与进口者承担连带责任。

第一百一十六条 违反本法规定，经中华人民共和国过境转移危险废物的，由海关责令退运该危险废物，处五十万元以上五百万元以下的罚款。

第一百一十七条 对已经非法入境的固体废物，由省级以上人民政府生态环境主管部门依法向海关提出处理意见，海关应当依照本法第一百一十五条的规定作出处罚决定；已经造成环境污染的，由省级以上人民政府生态环境主管部门责令进口者消除污染。

第一百一十八条 违反本法规定，造成固体废物污染环境事故的，除依法承担赔偿责任外，由生态环境主管部门依照本条第二款的规定处以罚款，责令限期采取治理措施；造成重大或者特大固体废物污染环境事故的，还可以报经有批准权的人民政府批准，责令关闭。

造成一般或者较大固体废物污染环境事故的，按照事故造成的直接经济损失的一倍以上三倍以下计算罚款；造成重大或者特大固体废物污染环境事故的，按照事故造成的直接经济损失的三倍以上五倍以下计算罚款，并对法定代表人、主要负责人、直接负责的主管人员和其他责任人员处上一年度从本单位取得的收入百分之五十以下的罚款。

第一百一十九条 单位和其他生产经营者违反本法规定排放固体废物，受到罚款处罚，被责令改正的，依法作出处罚决定的行政机关应当组织复查，发现其继续实施该违法行为的，依照《中华人民共和国环境保护法》的规定按日连续处罚。

第一百二十条 违反本法规定，有下列行为之一，尚不构成犯罪的，由公安机关对法定代表人、主要负责人、直接负责的主管人员和其他责任人员处十日以上十五日以下的拘留；情节较轻的，处五日以上十日以下的拘留：

（一）擅自倾倒、堆放、丢弃、遗撒固体废物，造成严重后果的；

（二）在生态保护红线区域、永久基本农田集中区域和其他需要特别保护的区域内，建设工业固体废物、危险废物集中贮存、利用、处置的设施、场所和生活垃圾填埋场的；

（三）将危险废物提供或者委托给无许可证的单位或者其他生产经营者堆放、利用、处置的；

（四）无许可证或者未按照许可证规定从事收集、贮存、利用、处置危险废物经营活动的；

（五）未经批准擅自转移危险废物的；

（六）未采取防范措施，造成危险废物扬散、流失、渗漏或者其他严重后果的。

第一百二十一条 固体废物污染环境、破坏生态，损害国家利益、社会公共利益的，有关机关和组织可以依照《中华人民共和国环境保护法》《中华人民共和国民事诉讼法》《中华人民共和国行政诉讼法》等法律的规定向人民法院提起诉讼。

第一百二十二条　固体废物污染环境、破坏生态给国家造成重大损失的，由设区的市级以上地方人民政府或者其指定的部门、机构组织与造成环境污染和生态破坏的单位和其他生产经营者进行磋商，要求其承担损害赔偿责任；磋商未达成一致的，可以向人民法院提起诉讼。

对于执法过程中查获的无法确定责任人或者无法退运的固体废物，由所在地县级以上地方人民政府组织处理。

第一百二十三条　违反本法规定，构成违反治安管理行为的，由公安机关依法给予治安管理处罚；构成犯罪的，依法追究刑事责任；造成人身、财产损害的，依法承担民事责任。

第九章　附　则

第一百二十四条　本法下列用语的含义：

（一）固体废物，是指在生产、生活和其他活动中产生的丧失原有利用价值或者虽未丧失利用价值但被抛弃或者放弃的固态、半固态和置于容器中的气态的物品、物质以及法律、行政法规规定纳入固体废物管理的物品、物质。经无害化加工处理，并且符合强制性国家产品质量标准，不会危害公众健康和生态安全，或者根据固体废物鉴别标准和鉴别程序认定为不属于固体废物的除外。

（二）工业固体废物，是指在工业生产活动中产生的固体废物。

（三）生活垃圾，是指在日常生活中或者为日常生活提供服务的活动中产生的固体废物，以及法律、行政法规规定视为生活垃圾的固体废物。

（四）建筑垃圾，是指建设单位、施工单位新建、改建、扩建和拆除各类建筑物、构筑物、管网等，以及居民装饰装修房屋过程中产生的弃土、弃料和其他固体废物。

（五）农业固体废物，是指在农业生产活动中产生的固体废物。

（六）危险废物，是指列入国家危险废物名录或者根据国家规定的危险废物鉴别标准和鉴别方法认定的具有危险特性的固体废物。

（七）贮存，是指将固体废物临时置于特定设施或者场所中的活动。

（八）利用，是指从固体废物中提取物质作为原材料或者燃料的活动。

（九）处置，是指将固体废物焚烧和用其他改变固体废物的物理、化学、生物特性的方法，达到减少已产生的固体废物数量、缩小固体废物体积、减少或者消除其危险成分的活动，或者将固体废物最终置于符合环境保护规定要求的填埋场的活动。

第一百二十五条　液态废物的污染防治，适用本法；但是，排入水体的废水的污染防治适用有关法律，不适用本法。

第一百二十六条　本法自 2020 年 9 月 1 日起施行。

附录二　新修订固体废物名录

国家危险废物名录

第一条　根据《中华人民共和国固体废物污染环境防治法》的有关规定，制定本名录。

第二条　具有下列情形之一的固体废物（包括液态废物），列入本名录：

（一）具有毒性、腐蚀性、易燃性、反应性或者感染性一种或者几种危险特性的；

（二）不排除具有危险特性，可能对生态环境或者人体健康造成有害影响，需要按照危险废物进行管理的。

第三条　列入本名录附录《危险废物豁免管理清单》中的危险废物，在所列的豁免环节，且满足相应的豁免条件时，可以按照豁免内容的规定实行豁免管理。

第四条　危险废物与其他物质混合后的固体废物，以及危险废物利用处置后的固体废物的属性判定，按照国家规定的危险废物鉴别标准执行。

第五条　本名录中有关术语的含义如下：

（一）废物类别，是在《控制危险废物越境转移及其处置巴塞尔公约》划定的类别基础上，结合我国实际情况对危险废物进行的分类。

（二）行业来源，是指危险废物的产生行业。

（三）废物代码，是指危险废物的唯一代码，为 8 位数字。其中，第 1～3 位为危险废物产生行业代码（依据《国民经济行业分类（GB/T 4754－2017）》确定），第 4～6 位为危险废物顺序代码，第 7～8 位为危险废物类别代码。

（四）危险特性，是指对生态环境和人体健康具有有害影响的毒性（Toxicity，T）、腐蚀性（Corrosivity，C）、易燃性（Ignitability，I）、反应性（Reactivity，R）和感染性（Infectivity，In）。

第六条　对不明确是否具有危险特性的固体废物，应当按照国家规定的危险废物鉴别标准和鉴别方法予以认定。

经鉴别具有危险特性的，属于危险废物，应当根据其主要有害成分和危险特性确定所属废物类别，并按代码“900-000-××”(××为危险废物类别代码)进行归类管理。

经鉴别不具有危险特性的，不属于危险废物。

第七条　本名录根据实际情况实行动态调整。

第八条　本名录自 2021 年 1 月 1 日起施行。原环境保护部、国家发展和改革委员会、公安部发布的《国家危险废物名录》(环境保护部令第 39 号)同时废止。

表1　国家危险废物名录

废物类别	行业来源	废物代码	危险废物	危险特性[1]
HW01 医疗废物[2]	卫生	841-001-01	感染性废物	In
		841-002-01	损伤性废物	In
		841-003-01	病理性废物	In
		841-004-01	化学性废物	T/C/I/R
		841-005-01	药物性废物	T
HW02 医药废物	化学药品原料药制造	271-001-02	化学合成原料药生产过程中产生的蒸馏及反应残余物	T
		271-002-02	化学合成原料药生产过程中产生的废母液及反应基废物	T
		271-003-02	化学合成原料药生产过程中产生的废脱色过滤介质	T
		271-004-02	化学合成原料药生产过程中产生的废吸附剂	T
		271-005-02	化学合成原料药生产过程中的废弃产品及中间体	T
		272-001-02	化学药品制剂生产过程中原料药提纯精制、再加工产生的蒸馏及反应残余物	T
		272-003-02	化学药品制剂生产过程中产生的废脱色过滤介质及吸附剂	T
	化学药品制剂制造	272-001-02	化学药品制剂生产过程中原料药提纯精制、再加工产生的蒸馏及反应残余物	T
		272-003-02	化学药品制剂生产过程中产生的废脱色过滤介质及吸附剂	T
		272-005-02	化学药品制剂生产过程中产生的废弃产品及原料药	T
	兽用药品制造	275-001-02	使用砷或有机砷化合物生产兽药过程中产生的废水处理污泥	T
		275-002-02	使用砷或有机砷化合物生产兽药过程中产生的蒸馏残余物	T
		275-003-02	使用砷或有机砷化合物生产兽药过程中产生的废脱色过滤介质及吸附剂	T
		275-004-02	其他兽药生产过程中产生的蒸馏及反应残余物	T
		275-005-02	其他兽药生产过程中产生的废脱色过滤介质及吸附剂	T
		275-006-02	兽药生产过程中产生的废母液、反应基和培养基废物	T
		275-008-02	兽药生产过程中产生的废弃产品及原料药	T

续表

废物类别	行业来源	废物代码	危险废物	危险特性[1]
HW02 医药废物	生物药品制品制造	276-001-02	利用生物技术生产生物化学药品、基因工程药物过程中产生的蒸馏及反应残余物	T
		276-002-02	利用生物技术生产生物化学药品、基因工程药物(不包括利用生物技术合成氨基酸、维生素、他汀类降脂药物、降糖类药物)过程中产生的废母液、反应基和培养基废物	T
		276-003-02	利用生物技术生产生物化学药品、基因工程药物(不包括利用生物技术合成氨基酸、维生素、他汀类降脂药物、降糖类药物)过程中产生的废脱色过滤介质	T
		276-004-02	利用生物技术生产生物化学药品、基因工程药物过程中产生的废吸附剂	T
		276-005-02	利用生物技术生产生物化学药品、基因工程药物过程中产生的废弃产品、原料药和中间体	T
HW03 废药物、药品	非特定行业	900-002-03	销售及使用过程中产生的失效、变质、不合格、淘汰、伪劣的化学药品和生物制品(不包括列入《国家基本药物目录》中的维生素、矿物质类药,调节水、电解质及酸碱平衡药),以及《医疗用毒性药品管理办法》中所列的毒性中药	T
HW04 农药废物	农药制造	263-001-04	氯丹生产过程中六氯环戊二烯过滤产生的残余物,及氯化反应器真空汽提产生的废物	T
		263-002-04	乙拌磷生产过程中甲苯回收工艺产生的蒸馏残渣	T
		263-003-04	甲拌磷生产过程中二乙基二硫代磷酸过滤产生的残余物	T
		263-004-04	2,4,5-三氯苯氧乙酸生产过程中四氯苯蒸馏产生的重馏分及蒸馏残余物	T
		263-005-04	2,4-二氯苯氧乙酸生产过程中苯酚氯化工段产生的含2,6-二氯苯酚精馏残渣	T
		263-006-04	乙烯基双二硫代氨基甲酸及其盐类生产过程中产生的过滤、蒸发和离心分离残余物及废水处理污泥,产品研磨和包装工序集(除)尘装置收集的粉尘和地面清扫废物	T
		263-007-04	溴甲烷生产过程中产生的废吸附剂、反应器产生的蒸馏残液和废水分离器产生的废物	T
		263-008-04	其他农药生产过程中产生的蒸馏及反应残余物(不包括赤霉酸发酵滤渣)	T
		263-009-04	农药生产过程中产生的废母液、反应罐及容器清洗废液	T
		263-010-04	农药生产过程中产生的废滤料及吸附剂	T
		263-011-04	农药生产过程中产生的废水处理污泥	T
		263-012-04	农药生产、配制过程中产生的过期原料和废弃产品	T

续表

废物类别	行业来源	废物代码	危险废物	危险特性[1]
HW04 农药废物	非特定行业	900-003-04	销售及使用过程中产生的失效、变质、不合格、淘汰、伪劣的农药产品,以及废弃的与农药直接接触或含有农药残余物的包装物	T
HW05 木材防腐剂废物	木材加工	201-001-05	使用五氯酚进行木材防腐过程中产生的废水处理污泥,以及木材防腐处理过程中产生的沾染该防腐剂的废弃木材残片	T
		201-002-05	使用杂酚油进行木材防腐过程中产生的废水处理污泥,以及木材防腐处理过程中产生的沾染该防腐剂的废弃木材残片	T
		201-003-05	使用含砷、铬等无机防腐剂进行木材防腐过程中产生的废水处理污泥,以及木材防腐处理过程中产生的沾染该防腐剂的废弃木材残片	T
	专用化学产品制造	266-001-05	木材防腐化学品生产过程中产生的反应残余物、废过滤介质及吸附剂	T
		266-002-05	木材防腐化学品生产过程中产生的废水处理污泥	T
		266-003-05	木材防腐化学品生产、配制过程中产生的过期原料和废弃产品	T
	非特定行业	900-004-05	销售及使用过程中产生的失效、变质、不合格、淘汰、伪劣的木材防腐化学药品	T
HW06 废有机溶剂与含有机溶剂废物	非特定行业	900-401-06	工业生产中作为清洗剂、萃取剂、溶剂或反应介质使用后废弃的四氯化碳、二氯甲烷、1,1-二氯乙烷、1,2-二氯乙烷、1,1,1-三氯乙烷、1,1,2-三氯乙烷、三氯乙烯、四氯乙烯,以及在使用前混合的含有一种或多种上述卤化溶剂的混合/调和溶剂	T,I
		900-402-06	工业生产中作为清洗剂、萃取剂、溶剂或反应介质使用后废弃的有机溶剂,包括苯、苯乙烯、丁醇、丙酮、正己烷、甲苯、邻二甲苯、间二甲苯、对二甲苯、1,2,4-三甲苯、乙苯、乙醇、异丙醇、乙醚、丙醚、乙酸甲酯、乙酸乙酯、乙酸丁酯、丙酸丁酯、苯酚,以及在使用前混合的含有一种或多种上述溶剂的混合/调和溶剂	T,I,R
		900-404-06	工业生产中作为清洗剂、萃取剂、溶剂或反应介质使用后废弃的其他列入《危险化学品目录》的有机溶剂,以及在使用前混合的含有一种或多种上述溶剂的混合/调和溶剂	T,I,R
		900-405-06	900-401-06、900-402-06、900-404-06中所列废有机溶剂再生处理过程中产生的废活性炭及其他过滤吸附介质	T,I,R
		900-407-06	900-401-06、900-402-06、900-404-06中所列废有机溶剂分馏再生过程中产生的高沸物和釜底残渣	T,I,R
		900-409-06	900-401-06、900-402-06、900-404-06中所列废有机溶剂再生处理过程中产生的废水处理浮渣和污泥(不包括废水生化处理污泥)	T

续表

废物类别	行业来源	废物代码	危险废物	危险特性[1]
HW07 热处理含氰废物	金属表面处理及热处理加工	336-001-07	使用氰化物进行金属热处理产生的淬火池残渣	T,R
		336-002-07	使用氰化物进行金属热处理产生的淬火废水处理污泥	T,R
		336-003-07	含氰热处理炉维修过程中产生的废内衬	T,R
		336-004-07	热处理渗碳炉产生的热处理渗碳氰渣	T,R
		336-005-07	金属热处理工艺盐浴槽(釜)清洗产生的含氰残渣和含氰废液	T,R
		336-049-07	氰化物热处理和退火作业过程中产生的残渣	T,R
HW08 废矿物油与含矿物油废物	石油开采	071-001-08	石油开采和联合站贮存产生的油泥和油脚	T,I
		071-002-08	以矿物油为连续相配制钻井泥浆用于石油开采所产生的钻井岩屑和废弃钻井泥浆	T
	天然气开采	072-001-08	以矿物油为连续相配制钻井泥浆用于天然气开采所产生的钻井岩屑和废弃钻井泥浆	T
	精炼石油产品制造	251-001-08	清洗矿物油储存、输送设施过程中产生的油/水和烃/水混合物	T
		251-002-08	石油初炼过程中储存设施、油-水-固态物质分离器、积水槽、沟渠及其他输送管道、污水池、雨水收集管道产生的含油污泥	T,I
		251-003-08	石油炼制过程中含油废水隔油、气浮、沉淀等处理过程中产生的浮油、浮渣和污泥(不包括废水生化处理污泥)	T
		251-004-08	石油炼制过程中溶气浮选工艺产生的浮渣	T,I
		251-005-08	石油炼制过程中产生的溢出废油或乳剂	T,I
		251-006-08	石油炼制换热器管束清洗过程中产生的含油污泥	T
		251-010-08	石油炼制过程中澄清油浆槽底沉积物	T,I
		251-011-08	石油炼制过程中进油管路过滤或分离装置产生的残渣	T,I
		251-012-08	石油炼制过程中产生的废过滤介质	T
	电子元件及专用材料制造	398-001-08	锂电池隔膜生产过程中产生的废白油	T
	橡胶制品业	291-001-08	橡胶生产过程中产生的废溶剂油	T,I
	非特定行业	900-199-08	内燃机、汽车、轮船等集中拆解过程产生的废矿物油及油泥	T,I
		900-200-08	珩磨、研磨、打磨过程产生的废矿物油及油泥	T,I
		900-201-08	清洗金属零部件过程中产生的废弃煤油、柴油、汽油及其他由石油和煤炼制生产的溶剂油	T,I

续表

废物类别	行业来源	废物代码	危险废物	危险特性[1]
HW08 废矿物油与含矿物油废物	非特定行业	900-203-08	使用淬火油进行表面硬化处理产生的废矿物油	T
		900-204-08	使用轧制油、冷却剂及酸进行金属轧制产生的废矿物油	T
		900-205-08	镀锡及焊锡回收工艺产生的废矿物油	T
		900-209-08	金属、塑料的定型和物理机械表面处理过程中产生的废石蜡和润滑油	T,I
		900-210-08	含油废水处理中隔油、气浮、沉淀等处理过程中产生的浮油、浮渣和污泥(不包括废水生化处理污泥)	T,I
		900-213-08	废矿物油再生净化过程中产生的沉淀残渣、过滤残渣、废过滤吸附介质	T,I
		900-214-08	车辆、轮船及其他机械维修过程中产生的废发动机油、制动器油、自动变速器油、齿轮油等废润滑油	T,I
		900-215-08	废矿物油裂解再生过程中产生的裂解残渣	T,I
		900-216-08	使用防锈油进行铸件表面防锈处理过程中产生的废防锈油	T,I
		900-217-08	使用工业齿轮油进行机械设备润滑过程中产生的废润滑油	T,I
		900-218-08	液压设备维护、更换和拆解过程中产生的废液压油	T,I
		900-219-08	冷冻压缩设备维护、更换和拆解过程中产生的废冷冻机油	T,I
		900-220-08	变压器维护、更换和拆解过程中产生的废变压器油	T,I
		900-221-08	废燃料油及燃料油储存过程中产生的油泥	T,I
		900-249-08	其他生产、销售、使用过程中产生的废矿物油及沾染矿物油的废弃包装物	T,I
HW09 油/水、烃/水混合物或乳化液	非特定行业	900-005-09	水压机维护、更换和拆解过程中产生的油/水、烃/水混合物或乳化液	T
		900-006-09	使用切削油或切削液进行机械加工过程中产生的油/水、烃/水混合物或乳化液	T
		900-007-09	其他工艺过程中产生的油/水、烃/水混合物或乳化液	T
HW10 多氯(溴)联苯类废物	非特定行业	900-008-10	含有多氯联苯(PCBs)、多氯三联苯(PCTs)和多溴联苯(PBBs)的废弃电容器、变压器	T
		900-009-10	含有 PCBs、PCTs 和 PBBs 的电力设备的清洗液	T
		900-010-10	含有 PCBs、PCTs 和 PBBs 的电力设备中废弃的介质油、绝缘油、冷却油及导热油	T
		900-011-10	含有或沾染 PCBs、PCTs 和 PBBs 的废弃包装物及容器	T

续表

废物类别	行业来源	废物代码	危险废物	危险特性[1]
HW11 精(蒸)馏残渣	精炼石油产品制造	251-013-11	石油精炼过程中产生的酸焦油和其他焦油	T
	煤炭加工	252-001-11	炼焦过程中蒸氨塔残渣和洗油再生残渣	T
		252-002-11	煤气净化过程氨水分离设施底部的焦油和焦油渣	T
		252-003-11	炼焦副产品回收过程中萘精制产生的残渣	T
		252-004-11	炼焦过程中焦油储存设施中的焦油渣	T
		252-005-11	煤焦油加工过程中焦油储存设施中的焦油渣	T
		252-007-11	炼焦及煤焦油加工过程中的废水池残渣	T
		252-009-11	轻油回收过程中的废水池残渣	T
		252-010-11	炼焦、煤焦油加工和苯精制过程中产生的废水处理污泥(不包括废水生化处理污泥)	T
		252-011-11	焦炭生产过程中硫铵工段煤气除酸净化产生的酸焦油	T
		252-012-11	焦化粗苯酸洗法精制过程产生的酸焦油及其他精制过程产生的蒸馏残渣	T
		252-013-11	焦炭生产过程中产生的脱硫废液	T
		252-016-11	煤沥青改质过程中产生的闪蒸油	T
		252-017-11	固定床气化技术生产化工合成原料气、燃料油合成原料气过程中粗煤气冷凝产生的焦油和焦油渣	T
	燃气生产和供应业	451-001-11	煤气生产行业煤气净化过程中产生的煤焦油渣	T
		451-002-11	煤气生产过程中产生的废水处理污泥(不包括废水生化处理污泥)	T
		451-003-11	煤气生产过程中煤气冷凝产生的煤焦油	T
	基础化学原料制造	261-007-11	乙烯法制乙醛生产过程中产生的蒸馏残渣	T
		261-008-11	乙烯法制乙醛生产过程中产生的蒸馏次要馏分	T
		261-009-11	苄基氯生产过程中苄基氯蒸馏产生的蒸馏残渣	T
		261-010-11	四氯化碳生产过程中产生的蒸馏残渣和重馏分	T
		261-011-11	表氯醇生产过程中精制塔产生的蒸馏残渣	T
		261-012-11	异丙苯生产过程中精馏塔产生的重馏分	T
		261-013-11	萘法生产邻苯二甲酸酐过程中产生的蒸馏残渣和轻馏分	T

续表

废物类别	行业来源	废物代码	危险废物	危险特性[1]
HW11 精(蒸)馏残渣	基础化学原料制造	261-014-11	邻二甲苯法生产邻苯二甲酸酐过程中产生的蒸馏残渣和轻馏分	T
		261-015-11	苯硝化法生产硝基苯过程中产生的蒸馏残渣	T
		261-016-11	甲苯二异氰酸酯生产过程中产生的蒸馏残渣和离心分离残渣	T
		261-017-11	1,1,1-三氯乙烷生产过程中产生的蒸馏残渣	T
		261-018-11	三氯乙烯和四氯乙烯联合生产过程中产生的蒸馏残渣	T
		261-019-11	苯胺生产过程中产生的蒸馏残渣	T
		261-020-11	苯胺生产过程中苯胺萃取工序产生的蒸馏残渣	T
		261-021-11	二硝基甲苯加氢法生产甲苯二胺过程中干燥塔产生的反应残余物	T
		261-022-11	二硝基甲苯加氢法生产甲苯二胺过程中产品精制产生的轻馏分	T
		261-023-11	二硝基甲苯加氢法生产甲苯二胺过程中产品精制产生的废液	T
		261-024-11	二硝基甲苯加氢法生产甲苯二胺过程中产品精制产生的重馏分	T
		261-025-11	甲苯二胺光气化法生产甲苯二异氰酸酯过程中溶剂回收塔产生的有机冷凝物	T
		261-026-11	氯苯、二氯苯生产过程中的蒸馏及分馏残渣	T
		261-027-11	使用羧酸肼生产 1,1-二甲基肼过程中产品分离产生的残渣	T
		261-028-11	乙烯溴化法生产二溴乙烯过程中产品精制产生的蒸馏残渣	T
		261-029-11	α-氯甲苯、苯甲酰氯和含此类官能团的化学品生产过程中产生的蒸馏残渣	T
		261-030-11	四氯化碳生产过程中的重馏分	T
		261-031-11	二氯乙烯单体生产过程中蒸馏产生的重馏分	T
		261-032-11	氯乙烯单体生产过程中蒸馏产生的重馏分	T
		261-033-11	1,1,1-三氯乙烷生产过程中蒸汽汽提塔产生的残余物	T
		261-034-11	1,1,1-三氯乙烷生产过程中蒸馏产生的重馏分	T
		261-035-11	三氯乙烯和四氯乙烯联合生产过程中产生的重馏分	T
		261-100-11	苯和丙烯生产苯酚和丙酮过程中产生的重馏分	T
		261-101-11	苯泵式硝化生产硝基苯过程中产生的重馏分	T,R

续表

废物类别	行业来源	废物代码	危险废物	危险特性[1]
HW11 精(蒸)馏残渣	基础化学原料制造	261-102-11	铁粉还原硝基苯生产苯胺过程中产生的重馏分	T
		261-103-11	以苯胺、乙酸酐或乙酰苯胺为原料生产对硝基苯胺过程中产生的重馏分	T
		261-104-11	对硝基氯苯胺氨解生产对硝基苯胺过程中产生的重馏分	T,R
		261-105-11	氨化法、还原法生产邻苯二胺过程中产生的重馏分	T
		261-106-11	苯和乙烯直接催化、乙苯和丙烯共氧化、乙苯催化脱氢生产苯乙烯过程中产生的重馏分	T
		261-107-11	二硝基甲苯还原催化生产甲苯二胺过程中产生的重馏分	T
		261-108-11	对苯二酚氧化生产二甲氧基苯胺过程中产生的重馏分	T
		261-109-11	萘磺化生产萘酚过程中产生的重馏分	T
		261-110-11	苯酚、三甲苯水解生产 4,4′-二羟基二苯砜过程中产生的重馏分	T
		261-111-11	甲苯硝基化合物羰基化法、甲苯碳酸二甲酯法生产甲苯二异氰酸酯过程中产生的重馏分	T
		261-113-11	乙烯直接氯化生产二氯乙烷过程中产生的重馏分	T
		261-114-11	甲烷氯化生产甲烷氯化物过程中产生的重馏分	T
		261-115-11	甲醇氯化生产甲烷氯化物过程中产生的釜底残液	T
		261-116-11	乙烯氯醇法、氧化法生产环氧乙烷过程中产生的重馏分	T
		261-117-11	乙炔气相合成、氧氯化生产氯乙烯过程中产生的重馏分	T
		261-118-11	乙烯直接氯化生产三氯乙烯、四氯乙烯过程中产生的重馏分	T
		261-119-11	乙烯氧氯化法生产三氯乙烯、四氯乙烯过程中产生的重馏分	T
		261-120-11	甲苯光气法生产苯甲酰氯产品精制过程中产生的重馏分	T
		261-121-11	甲苯苯甲酸法生产苯甲酰氯产品精制过程中产生的重馏分	T
		261-122-11	甲苯连续光氯化法、无光热氯化法生产氯化苄过程中产生的重馏分	T
		261-123-11	偏二氯乙烯氢氯化法生产 1,1,1-三氯乙烷过程中产生的重馏分	T
		261-124-11	醋酸丙烯酯法生产环氧氯丙烷过程中产生的重馏分	T
		261-125-11	异戊烷(异戊烯)脱氢法生产异戊二烯过程中产生的重馏分	T

续表

废物类别	行业来源	废物代码	危险废物	危险特性[1]
HW11 精(蒸)馏残渣	基础化学原料制造	261-126-11	化学合成法生产异戊二烯过程中产生的重馏分	T
		261-127-11	碳五馏分分离生产异戊二烯过程中产生的重馏分	T
		261-128-11	合成气加压催化生产甲醇过程中产生的重馏分	T
		261-129-11	水合法、发酵法生产乙醇过程中产生的重馏分	T
		261-130-11	环氧乙烷直接水合生产乙二醇过程中产生的重馏分	T
		261-131-11	乙醛缩合加氢生产丁二醇过程中产生的重馏分	T
		261-132-11	乙醛氧化生产醋酸蒸馏过程中产生的重馏分	T
		261-133-11	丁烷液相氧化生产醋酸过程中产生的重馏分	T
		261-134-11	电石乙炔法生产醋酸乙烯酯过程中产生的重馏分	T
		261-135-11	氢氰酸法生产原甲酸三甲酯过程中产生的重馏分	T
		261-136-11	β-苯胺乙醇法生产靛蓝过程中产生的重馏分	T
	石墨及其他非金属矿物制品制造	309-001-11	电解铝及其他有色金属电解精炼过程中预焙阳极、碳块及其他碳素制品制造过程烟气处理所产生的含焦油废物	T
	环境治理业	772-001-11	废矿物油再生过程中产生的酸焦油	T
	非特定行业	900-013-11	其他化工生产过程(不包括以生物质为主要原料的加工过程)中精馏、蒸馏和热解工艺产生的高沸点釜底残余物	T
HW12 染料、涂料废物	涂料、油墨、颜料及类似产品制造	264-002-12	铬黄和铬橙颜料生产过程中产生的废水处理污泥	T
		264-003-12	钼酸橙颜料生产过程中产生的废水处理污泥	T
		264-004-12	锌黄颜料生产过程中产生的废水处理污泥	T
		264-005-12	铬绿颜料生产过程中产生的废水处理污泥	T
		264-006-12	氧化铬绿颜料生产过程中产生的废水处理污泥	T
		264-007-12	氧化铬绿颜料生产过程中烘干产生的残渣	T
		264-008-12	铁蓝颜料生产过程中产生的废水处理污泥	T
		264-009-12	使用含铬、铅的稳定剂配制油墨过程中,设备清洗产生的洗涤废液和废水处理污泥	T
		264-010-12	油墨生产、配制过程中产生的废蚀刻液	T
		264-011-12	染料、颜料生产过程中产生的废母液、残渣、废吸附剂和中间体废物	T

续表

废物类别	行业来源	废物代码	危险废物	危险特性[1]
HW12 染料、涂料废物	涂料、油墨、颜料及类似产品制造	264-012-12	其他油墨、染料、颜料、油漆（不包括水性漆）生产过程中产生的废水处理污泥	T
		264-013-12	油漆、油墨生产、配制和使用过程中产生的含颜料、油墨的废有机溶剂	T
	非特定行业	900-250-12	使用有机溶剂、光漆进行光漆涂布、喷漆工艺过程中产生的废物	T,I
		900-251-12	使用油漆（不包括水性漆）、有机溶剂进行阻挡层涂敷过程中产生的废物	T,I
		900-252-12	使用油漆（不包括水性漆）、有机溶剂进行喷漆、上漆过程中产生的废物	T,I
		900-253-12	使用油墨和有机溶剂进行丝网印刷过程中产生的废物	T,I
		900-254-12	使用遮盖油、有机溶剂进行遮盖油的涂敷过程中产生的废物	T,I
		900-255-12	使用各种颜料进行着色过程中产生的废颜料	T
		900-256-12	使用酸、碱或有机溶剂清洗容器设备过程中剥离下的废油漆、废染料、废涂料	T,I,C
		900-299-12	生产、销售及使用过程中产生的失效、变质、不合格、淘汰、伪劣的油墨、染料、颜料、油漆（不包括水性漆）	T
HW13 有机树脂类废物	合成材料制造	265-101-13	树脂、合成乳胶、增塑剂、胶水/胶合剂合成过程产生的不合格产品（不包括热塑型树脂生产过程中聚合产物经脱除单体、低聚物、溶剂及其他助剂后产生的废料，以及热固型树脂固化后的固化体）	T
		265-102-13	树脂、合成乳胶、增塑剂、胶水/胶合剂生产过程中合成、酯化、缩合等工序产生的废母液	T
		265-103-13	树脂（不包括水性聚氨酯乳液、水性丙烯酸乳液、水性聚氨酯丙烯酸复合乳液）、合成乳胶、增塑剂、胶水/胶合剂生产过程中精馏、分离、精制等工序产生的釜底残液、废过滤介质和残渣	T
		265-104-13	树脂（不包括水性聚氨酯乳液、水性丙烯酸乳液、水性聚氨酯丙烯酸复合乳液）、合成乳胶、增塑剂、胶水/胶合剂合成过程中产生的废水处理污泥（不包括废水生化处理污泥）	T
	非特定行业	900-014-13	废弃的黏合剂和密封剂（不包括水基型和热熔型黏合剂和密封剂）	T
		900-015-13	湿法冶金、表面处理和制药行业重金属、抗生素提取、分离过程产生的废弃离子交换树脂，以及工业废水处理过程产生的废弃离子交换树脂	T
		900-016-13	使用酸、碱或有机溶剂清洗容器设备剥离下的树脂状、黏稠杂物	T
		900-451-13	废覆铜板、印刷线路板、电路板破碎分选回收金属后产生的废树脂粉	T

续表

废物类别	行业来源	废物代码	危险废物	危险特性[1]
HW14 新化学物质废物	非特定行业	900-017-14	研究、开发和教学活动中产生的对人类或环境影响不明的化学物质废物	T/C/I/R
HW15 爆炸性废物	炸药、火工及焰火产品制造	267-001-15	炸药生产和加工过程中产生的废水处理污泥	R,T
		267-002-15	含爆炸品废水处理过程中产生的废活性炭	R,T
		267-003-15	生产、配制和装填铅基起爆药剂过程中产生的废水处理污泥	R,T
		267-004-15	三硝基甲苯生产过程中产生的粉红水、红水，以及废水处理污泥	T,R
HW16 感光材料废物	专用化学产品制造	266-009-16	显(定)影剂、正负胶片、像纸、感光材料生产过程中产生的不合格产品和过期产品	T
		266-010-16	显(定)影剂、正负胶片、像纸、感光材料生产过程中产生的残渣和废水处理污泥	T
	印刷	231-001-16	使用显影剂进行胶卷显影，使用定影剂进行胶卷定影，以及使用铁氰化钾、硫代硫酸盐进行影像减薄(漂白)产生的废显(定)影剂、胶片和废像纸	T
		231-002-16	使用显影剂进行印刷显影、抗蚀图形显影，以及凸版印刷产生的废显(定)影剂、胶片和废像纸	T
	电子元件及电子专用材料制造	398-001-16	使用显影剂、氢氧化物、偏亚硫酸氢盐、醋酸进行胶卷显影产生的废显(定)影剂、胶片和废像纸	T
	影视节目制作	873-001-16	电影厂产生的废显(定)影剂、胶片及废像纸	T
	摄影扩印服务	806-001-16	摄影扩印服务行业产生的废显(定)影剂、胶片和废像纸	T
	非特定行业	900-019-16	其他行业产生的废显(定)影剂、胶片和废像纸	T
HW17 表面处理废物	金属表面处理及热处理加工	336-050-17	使用氯化亚锡进行敏化处理产生的废渣和废水处理污泥	T
		336-051-17	使用氯化锌、氯化铵进行敏化处理产生的废渣和废水处理污泥	T
		336-052-17	使用锌和电镀化学品进行镀锌产生的废槽液、槽渣和废水处理污泥	T
		336-053-17	使用镉和电镀化学品进行镀镉产生的废槽液、槽渣和废水处理污泥	T
		336-054-17	使用镍和电镀化学品进行镀镍产生的废槽液、槽渣和废水处理污泥	T
		336-055-17	使用镀镍液进行镀镍产生的废槽液、槽渣和废水处理污泥	T
		336-056-17	使用硝酸银、碱、甲醛进行敷金属法镀银产生的废槽液、槽渣和废水处理污泥	T

续表

废物类别	行业来源	废物代码	危险废物	危险特性[1]
HW17 表面处理废物	金属表面处理及热处理加工	336-057-17	使用金和电镀化学品进行镀金产生的废槽液、槽渣和废水处理污泥	T
		336-058-17	使用镀铜液进行化学镀铜产生的废槽液、槽渣和废水处理污泥	T
		336-059-17	使用钯和锡盐进行活化处理产生的废渣和废水处理污泥	T
		336-060-17	使用铬和电镀化学品进行镀黑铬产生的废槽液、槽渣和废水处理污泥	T
		336-061-17	使用高锰酸钾进行钻孔除胶处理产生的废渣和废水处理污泥	T
		336-062-17	使用铜和电镀化学品进行镀铜产生的废槽液、槽渣和废水处理污泥	T
		336-063-17	其他电镀工艺产生的废槽液、槽渣和废水处理污泥	T
		336-064-17	金属或塑料表面酸(碱)洗、除油、除锈、洗涤、磷化、出光、化抛工艺产生的废腐蚀液、废洗涤液、废槽液、槽渣和废水处理污泥[不包括:铝、镁材(板)表面酸(碱)洗、粗化、硫酸阳极处理、磷酸化学抛光废水处理污泥,铝电解电容器用铝电极箔化学腐蚀、非硼酸系化成液化成废水处理污泥,铝材挤压加工模具碱洗(煲模)废水处理污泥,碳钢酸洗除锈废水处理污泥]	T/C
		336-066-17	镀层剥除过程中产生的废槽液、槽渣和废水处理污泥	T
		336-067-17	使用含重铬酸盐的胶体、有机溶剂、黏合剂进行漩流式抗蚀涂布产生的废渣和废水处理污泥	T
		336-068-17	使用铬化合物进行抗蚀层化学硬化产生的废渣和废水处理污泥	T
		336-069-17	使用铬酸镀铬产生的废槽液、槽渣和废水处理污泥	T
		336-100-17	使用铬酸进行阳极氧化产生的废槽液、槽渣和废水处理污泥	T
		336-101-17	使用铬酸进行塑料表面粗化产生的废槽液、槽渣和废水处理污泥	T
HW18 焚烧处置残渣	环境治理业	772-002-18	生活垃圾焚烧飞灰	T
		772-003-18	危险废物焚烧、热解等处置过程产生的底渣、飞灰和废水处理污泥	T
		772-004-18	危险废物等离子体、高温熔融等处置过程产生的非玻璃态物质和飞灰	T
		772-005-18	固体废物焚烧处置过程中废气处理产生的废活性炭	T

续表

废物类别	行业来源	废物代码	危险废物	危险特性[1]
HW19 含金属羰基化合物废物	非特定行业	900-020-19	金属羰基化合物生产、使用过程中产生的含有羰基化合物成分的废物	T
HW20 含铍废物	基础化学原料制造	261-040-20	铍及其化合物生产过程中产生的熔渣、集(除)尘装置收集的粉尘和废水处理污泥	T
HW21 含铬废物	毛皮鞣制及制品加工	193-001-21	使用铬鞣剂进行铬鞣、复鞣工艺产生的废水处理污泥和残渣	T
		193-002-21	皮革、毛皮鞣制及切削过程产生的含铬废碎料	T
	基础化学原料制造	261-041-21	铬铁矿生产铬盐过程中产生的铬渣	T
		261-042-21	铬铁矿生产铬盐过程中产生的铝泥	T
		261-043-21	铬铁矿生产铬盐过程中产生的芒硝	T
		261-044-21	铬铁矿生产铬盐过程中产生的废水处理污泥	T
		261-137-21	铬铁矿生产铬盐过程中产生的其他废物	T
		261-138-21	以重铬酸钠和浓硫酸为原料生产铬酸酐过程中产生的含铬废液	T
	铁合金冶炼	314-001-21	铬铁硅合金生产过程中集(除)尘装置收集的粉尘	T
		314-002-21	铁铬合金生产过程中集(除)尘装置收集的粉尘	T
		314-003-21	铁铬合金生产过程中金属铬冶炼产生的铬浸出渣	T
	金属表面处理及热处理加工	336-100-21	使用铬酸进行阳极氧化产生的废槽液、槽渣和废水处理污泥	T
	电子元件及电子专用材料制造	398-002-21	使用铬酸进行钻孔除胶处理产生的废渣和废水处理污泥	T
HW22 含铜废物	玻璃制造	304-001-22	使用硫酸铜进行敷金属法镀铜产生的废槽液、槽渣和废水处理污泥	T
	电子元件及电子专用材料制造	398-004-22	线路板生产过程中产生的废蚀铜液	T
		398-005-22	使用酸进行铜氧化处理产生的废液和废水处理污泥	T
		398-051-22	铜板蚀刻过程中产生的废蚀刻液和废水处理污泥	T
HW23 含锌废物	金属表面处理及热处理加工	336-103-23	热镀锌过程中产生的废助镀熔(溶)剂和集(除)尘装置收集的粉尘	T
	电池制造	384-001-23	碱性锌锰电池、锌氧化银电池、锌空气电池生产过程中产生的废锌浆	T
	炼钢	312-001-23	废钢电炉炼钢过程中集(除)尘装置收集的粉尘和废水处理污泥	T
	非特定行业	900-021-23	使用氢氧化钠、锌粉进行贵金属沉淀过程中产生的废液和废水处理污泥	T

续表

废物类别	行业来源	废物代码	危险废物	危险特性[1]
HW24 含砷废物	基础化学原料制造	261-139-24	硫铁矿制酸过程中烟气净化产生的酸泥	T
HW25 含硒废物	基础化学原料制造	261-045-25	硒及其化合物生产过程中产生的熔渣、集(除)尘装置收集的粉尘和废水处理污泥	T
HW26 含镉废物	电池制造	384-002-26	镍镉电池生产过程中产生的废渣和废水处理污泥	T
HW27 含锑废物	基础化学原料制造	261-046-27	锑金属及粗氧化锑生产过程中产生的熔渣和集(除)尘装置收集的粉尘	T
		261-048-27	氧化锑生产过程中产生的熔渣	T
HW28 含碲废物	基础化学原料制造	261-050-28	碲及其化合物生产过程中产生的熔渣、集(除)尘装置收集的粉尘和废水处理污泥	T
HW29 含汞废物	天然气开采	072-002-29	天然气除汞净化过程中产生的含汞废物	T
	常用有色金属矿采选	091-003-29	汞矿采选过程中产生的尾砂和集(除)尘装置收集的粉尘	T
	贵金属冶炼	322-002-29	混汞法提金工艺产生的含汞粉尘、残渣	T
	印刷	231-007-29	使用显影剂、汞化合物进行影像加厚(物理沉淀)以及使用显影剂、氨氯化汞进行影像加厚(氧化)产生的废液和残渣	T
	基础化学原料制造	261-051-29	水银电解槽法生产氯气过程中盐水精制产生的盐水提纯污泥	T
		261-052-29	水银电解槽法生产氯气过程中产生的废水处理污泥	T
		261-053-29	水银电解槽法生产氯气过程中产生的废活性炭	T
		261-054-29	卤素和卤素化学品生产过程中产生的含汞硫酸钡污泥	T
	合成材料制造	265-001-29	氯乙烯生产过程中含汞废水处理产生的废活性炭	T,C
		265-002-29	氯乙烯生产过程中吸附汞产生的废活性炭	T,C
		265-003-29	电石乙炔法生产氯乙烯单体过程中产生的废酸	T,C
		265-004-29	电石乙炔法生产氯乙烯单体过程中产生的废水处理污泥	T
	常用有色金属冶炼	321-030-29	汞再生过程中集(除)尘装置收集的粉尘,汞再生工艺产生的废水处理污泥	T
		321-033-29	铅锌冶炼烟气净化产生的酸泥	T
		321-103-29	铜、锌、铅冶炼过程中烟气氯化汞法脱汞工艺产生的废甘汞	T
	电池制造	384-003-29	含汞电池生产过程中产生的含汞废浆层纸、含汞废锌膏、含汞废活性炭和废水处理污泥	T

续表

废物类别	行业来源	废物代码	危险废物	危险特性[1]
HW29 含汞废物	照明器具制造	387-001-29	电光源用固汞及含汞电光源生产过程中产生的废活性炭和废水处理污泥	T
	通用仪器仪表制造	401-001-29	含汞温度计生产过程中产生的废渣	T
	非特定行业	900-022-29	废弃的含汞催化剂	T
		900-023-29	生产、销售及使用过程中产生的废含汞荧光灯管及其他废含汞电光源，及废弃含汞电光源处理处置过程中产生的废荧光粉、废活性炭和废水处理污泥	T
		900-024-29	生产、销售及使用过程中产生的废含汞温度计、废含汞血压计、废含汞真空表、废含汞压力计、废氧化汞电池和废汞开关	T
		900-452-29	含汞废水处理过程中产生的废树脂、废活性炭和污泥	T
HW30 含铊废物	基础化学原料制造	261-055-30	铊及其化合物生产过程中产生的熔渣、集(除)尘装置收集的粉尘和废水处理污泥	T
HW31 含铅废物	玻璃制造	304-002-31	使用铅盐和铅氧化物进行显像管玻璃熔炼过程中产生的废渣	T
	电子元件及电子专用材料制造	398-052-31	线路板制造过程中电镀铅锡合金产生的废液	T
	电池制造	384-004-31	铅蓄电池生产过程中产生的废渣、集(除)尘装置收集的粉尘和废水处理污泥	T
	工艺美术及礼仪用品制造	243-001-31	使用铅箔进行烤钵试金法工艺产生的废烤钵	T
	非特定行业	900-052-31	废铅蓄电池及废铅蓄电池拆解过程中产生的废铅板、废铅膏和酸液	T,C
		900-025-31	使用硬脂酸铅进行抗黏涂层过程中产生的废物	T
HW32 无机氟化物废物	非特定行业	900-026-32	使用氢氟酸进行蚀刻产生的废蚀刻液	T,C
HW33 无机氰化物废物	贵金属矿采选	092-003-33	采用氰化物进行黄金选矿过程中产生的氰化尾渣和含氰废水处理污泥	T
	金属表面处理及热处理加工	336-104-33	使用氰化物进行浸洗过程中产生的废液	T,R
	非特定行业	900-027-33	使用氰化物进行表面硬化、碱性除油、电解除油产生的废物	T,R
		900-028-33	使用氰化物剥落金属镀层产生的废物	T,R
		900-029-33	使用氰化物和双氧水进行化学抛光产生的废物	T,R
HW34 废酸	精炼石油产品制造	251-014-34	石油炼制过程产生的废酸及酸泥	C,T

续表

废物类别	行业来源	废物代码	危险废物	危险特性[1]
HW34 废酸	涂料、油墨、颜料及类似产品制造	264-013-34	硫酸法生产钛白粉(二氧化钛)过程中产生的废酸	C,T
	基础化学原料制造	261-057-34	硫酸和亚硫酸、盐酸、氢氟酸、磷酸和亚磷酸、硝酸和亚硝酸等的生产、配制过程中产生的废酸及酸渣	C,T
		261-058-34	卤素和卤素化学品生产过程中产生的废酸	C,T
	钢压延加工	313-001-34	钢的精加工过程中产生的废酸性洗液	C,T
	金属表面处理及热处理加工	336-105-34	青铜生产过程中浸酸工序产生的废酸液	C,T
	电子元件及电子专用材料制造	398-005-34	使用酸进行电解除油、酸蚀、活化前表面敏化、催化、浸亮产生的废酸液	C,T
		398-006-34	使用硝酸进行钻孔蚀胶处理产生的废酸液	C,T
		398-007-34	液晶显示板或集成电路板的生产过程中使用酸浸蚀剂进行氧化物浸蚀产生的废酸液	C,T
	非特定行业	900-300-34	使用酸进行清洗产生的废酸液	C,T
		900-301-34	使用硫酸进行酸性碳化产生的废酸液	C,T
		900-302-34	使用硫酸进行酸蚀产生的废酸液	C,T
		900-303-34	使用磷酸进行磷化产生的废酸液	C,T
		900-304-34	使用酸进行电解除油、金属表面敏化产生的废酸液	C,T
		900-305-34	使用硝酸剥落不合格镀层及挂架金属镀层产生的废酸液	C,T
		900-306-34	使用硝酸进行钝化产生的废酸液	C,T
		900-307-34	使用酸进行电解抛光处理产生的废酸液	C,T
		900-308-34	使用酸进行催化(化学镀)产生的废酸液	C,T
		900-349-34	生产、销售及使用过程中产生的失效、变质、不合格、淘汰、伪劣的强酸性擦洗粉、清洁剂、污迹去除剂以及其他强酸性废酸液和酸渣	C,T
HW35 废碱	精炼石油产品制造	251-015-35	石油炼制过程产生的废碱液和碱渣	C,T
	基础化学原料制造	261-059-35	氢氧化钙、氨水、氢氧化钠、氢氧化钾等的生产、配制中产生的废碱液、固态碱和碱渣	C
	毛皮鞣制及制品加工	193-003-35	使用氢氧化钙、硫化钠进行浸灰产生的废碱液	C,R
	纸浆制造	221-002-35	碱法制浆过程中蒸煮制浆产生的废碱液	C,T

续表

废物类别	行业来源	废物代码	危险废物	危险特性[1]
HW35 废碱	非特定行业	900-350-35	使用氢氧化钠进行煮炼过程中产生的废碱液	C
		900-351-35	使用氢氧化钠进行丝光处理过程中产生的废碱液	C
		900-352-35	使用碱进行清洗产生的废碱液	C,T
		900-353-35	使用碱进行清洗除蜡、碱性除油、电解除油产生的废碱液	C,T
		900-354-35	使用碱进行电镀阻挡层或抗蚀层的脱除产生的废碱液	C,T
		900-355-35	使用碱进行氧化膜浸蚀产生的废碱液	C,T
		900-356-35	使用碱溶液进行碱性清洗、图形显影产生的废碱液	C,T
		900-399-35	生产、销售及使用过程中产生的失效、变质、不合格、淘汰、伪劣的强碱性擦洗粉、清洁剂、污迹去除剂以及其他强碱性废碱液、固态碱和碱渣	C,T
HW36 石棉废物	石棉及其他非金属矿采选	109-001-36	石棉矿选矿过程中产生的废渣	T
	基础化学原料制造	261-060-36	卤素和卤素化学品生产过程中电解装置拆换产生的含石棉废物	T
	石膏、水泥制品及类似制品制造	302-001-36	石棉建材生产过程中产生的石棉尘、废石棉	T
	耐火材料制品制造	308-001-36	石棉制品生产过程中产生的石棉尘、废石棉	T
	汽车零部件及配件制造	367-001-36	车辆制动器衬片生产过程中产生的石棉废物	T
	船舶及相关装置制造	373-002-36	拆船过程中产生的石棉废物	T
	非特定行业	900-030-36	其他生产过程中产生的石棉废物	T
		900-031-36	含有石棉的废绝缘材料、建筑废物	T
		900-032-36	含有隔膜、热绝缘体等石棉材料的设施保养拆换及车辆制动器衬片的更换产生的石棉废物	T
HW37 有机磷化合物废物	基础化学原料制造	261-061-37	除农药以外其他有机磷化合物生产、配制过程中产生的反应残余物	T
		261-062-37	除农药以外其他有机磷化合物生产、配制过程中产生的废过滤吸附介质	T
		261-063-37	除农药以外其他有机磷化合物生产过程中产生的废水处理污泥	T
	非特定行业	900-033-37	生产、销售及使用过程中产生的废弃磷酸酯抗燃油	T

续表

废物类别	行业来源	废物代码	危险废物	危险特性[1]
HW38 有机氰化物废物	基础化学原料制造	261-064-38	丙烯腈生产过程中废水汽提器塔底的残余物	T,R
		261-065-38	丙烯腈生产过程中乙腈蒸馏塔底的残余物	T,R
		261-066-38	丙烯腈生产过程中乙腈精制塔底的残余物	T
		261-067-38	有机氰化物生产过程中产生的废母液和反应残余物	T
		261-068-38	有机氰化物生产过程中催化、精馏和过滤工序产生的废催化剂、釜底残余物和过滤介质	T
		261-069-38	有机氰化物生产过程中产生的废水处理污泥	T
		261-140-38	废腈纶高温高压水解生产聚丙烯腈-铵盐过程中产生的过滤残渣	T
HW39 含酚废物	基础化学原料制造	261-070-39	酚及酚类化合物生产过程中产生的废母液和反应残余物	T
		261-071-39	酚及酚类化合物生产过程中产生的废过滤吸附介质、废催化剂、精馏残余物	T
HW40 含醚废物	基础化学原料制造	261-072-40	醚及醚类化合物生产过程中产生的醚类残液、反应残余物、废水处理污泥(不包括废水生化处理污泥)	T
HW45 含有机卤化物废物	基础化学原料制造	261-078-45	乙烯溴化法生产二溴乙烯过程中废气净化产生的废液	T
		261-079-45	乙烯溴化法生产二溴乙烯过程中产品精制产生的废吸附剂	T
		261-080-45	芳烃及其衍生物氯代反应过程中氯气和盐酸回收工艺产生的废液和废吸附剂	T
		261-081-45	芳烃及其衍生物氯代反应过程中产生的废水处理污泥	T
		261-082-45	氯乙烷生产过程中的塔底残余物	T
		261-084-45	其他有机卤化物的生产过程(不包括卤化前的生产工段)中产生的残液、废过滤吸附介质、反应残余物、废水处理污泥、废催化剂(不包括上述 HW04、HW06、HW11、HW12、HW13、HW39 类别的废物)	T
HW45 含有机卤化物废物	基础化学原料制造	261-085-45	其他有机卤化物的生产过程中产生的不合格、淘汰、废弃的产品(不包括上述 HW06、HW39 类别的废物)	T
		261-086-45	石墨作阳极隔膜法生产氯气和烧碱过程中产生的废水处理污泥	T
HW46 含镍废物	基础化学原料制造	261-087-46	镍化合物生产过程中产生的反应残余物及不合格、淘汰、废弃的产品	T
	电池制造	384-005-46	镍氢电池生产过程中产生的废渣和废水处理污泥	T
	非特定行业	900-037-46	废弃的镍催化剂	T,I

续表

废物类别	行业来源	废物代码	危险废物	危险特性[1]
HW47 含钡废物	基础化学原料制造	261-088-47	钡化合物(不包括硫酸钡)生产过程中产生的熔渣、集(除)尘装置收集的粉尘、反应残余物、废水处理污泥	T
	金属表面处理及热处理加工	336-106-47	热处理工艺中产生的含钡盐浴渣	T
HW48 有色金属采选和冶炼废物	常用有色金属矿采选	091-001-48	硫化铜矿、氧化铜矿等铜矿物采选过程中集(除)尘装置收集的粉尘	T
		091-002-48	硫砷化合物(雌黄、雄黄及硫砷铁矿)或其他含砷化合物的金属矿石采选过程中集(除)尘装置收集的粉尘	T
	常用有色金属冶炼	321-002-48	铜火法冶炼过程中烟气处理集(除)尘装置收集的粉尘	T
		321-031-48	铜火法冶炼烟气净化产生的酸泥(铅滤饼)	T
		321-032-48	铜火法冶炼烟气净化产生的污酸处理过程产生的砷渣	T
		321-003-48	粗锌精炼加工过程中湿法除尘产生的废水处理污泥	T
		321-004-48	铅锌冶炼过程中,锌焙烧矿、锌氧化矿常规浸出法产生的浸出渣	T
		321-005-48	铅锌冶炼过程中,锌焙烧矿热酸浸出黄钾铁矾法产生的铁矾渣	T
		321-006-48	硫化锌矿常压氧浸或加压氧浸产生的硫渣(浸出渣)	T
		321-007-48	铅锌冶炼过程中,锌焙烧矿热酸浸出针铁矿法产生的针铁矿渣	T
		321-008-48	铅锌冶炼过程中,锌浸出液净化产生的净化渣,包括锌粉-黄药法、砷盐法、反向锑盐法、铅锑合金锌粉法等工艺除铜、锑、镉、钴、镍等杂质过程中产生的废渣	T
		321-009-48	铅锌冶炼过程中,阴极锌熔铸产生的熔铸浮渣	T
		321-010-48	铅锌冶炼过程中,氧化锌浸出处理产生的氧化锌浸出渣	T
		321-011-48	铅锌冶炼过程中,鼓风炉炼锌锌蒸气冷凝分离系统产生的鼓风炉浮渣	T
		321-012-48	铅锌冶炼过程中,锌精馏炉产生的锌渣	T
		321-013-48	铅锌冶炼过程中,提取金、银、铋、镉、钴、铟、锗、铊、碲等金属过程中产生的废渣	T
		321-014-48	铅锌冶炼过程中,集(除)尘装置收集的粉尘	T
		321-016-48	粗铅精炼过程中产生的浮渣和底渣	T
		321-017-48	铅锌冶炼过程中,炼铅鼓风炉产生的黄渣	T

续表

废物类别	行业来源	废物代码	危险废物	危险特性[1]
HW48 有色金属采选和冶炼废物	常用有色金属冶炼	321-018-48	铅锌冶炼过程中，粗铅火法精炼产生的精炼渣	T
		321-019-48	铅锌冶炼过程中，铅电解产生的阳极泥及阳极泥处理后产生的含铅废渣和废水处理污泥	T
		321-020-48	铅锌冶炼过程中，阴极铅精炼产生的氧化铅渣及碱渣	T
		321-021-48	铅锌冶炼过程中，锌焙烧矿热酸浸出黄钾铁矾法、热酸浸出针铁矿法产生的铅银渣	T
		321-022-48	铅锌冶炼烟气净化产生的污酸除砷处理过程产生的砷渣	T
		321-023-48	电解铝生产过程电解槽阴极内衬维修、更换产生的废渣（大修渣）	T
		321-024-48	电解铝铝液转移、精炼、合金化、铸造过程熔体表面产生的铝灰渣，以及回收铝过程产生的盐渣和二次铝灰	R,T
		321-025-48	电解铝生产过程产生的炭渣	T
		321-026-48	再生铝和铝材加工过程中，废铝及铝锭重熔、精炼、合金化、铸造熔体表面产生的铝灰渣，及其回收铝过程产生的盐渣和二次铝灰	R
		321-034-48	铝灰热回收铝过程烟气处理集（除）尘装置收集的粉尘，铝冶炼和再生过程烟气（包括：再生铝熔炼烟气、铝液熔体净化、除杂、合金化、铸造烟气）处理集（除）尘装置收集的粉尘	T,R
		321-027-48	铜再生过程中集（除）尘装置收集的粉尘和湿法除尘产生的废水处理污泥	T
		321-028-48	锌再生过程中集（除）尘装置收集的粉尘和湿法除尘产生的废水处理污泥	T
		321-029-48	铅再生过程中集（除）尘装置收集的粉尘和湿法除尘产生的废水处理污泥	T
	稀有稀土金属冶炼	323-001-48	仲钨酸铵生产过程中碱分解产生的碱煮渣（钨渣）、除钼过程中产生的除钼渣和废水处理污泥	T
HW49 其他废物	石墨及其他非金属矿物制品制造	309-001-49	多晶硅生产过程中废弃的三氯化硅及四氯化硅	R,C
	环境治理	772-006-49	采用物理、化学、物理化学或生物方法处理或处置毒性或感染性危险废物过程中产生的废水处理污泥、残渣（液）	T/In
	非特定行业	900-039-49	烟气、VOCs 治理过程（不包括餐饮行业油烟治理过程）产生的废活性炭，化学原料和化学制品脱色（不包括有机合成食品添加剂脱色）、除杂、净化过程产生的废活性炭（不包括 900-405-06、772-005-18、261-053-29、265-002-29、384-003-29、387-001-29 类废物）	T

续表

废物类别	行业来源	废物代码	危险废物	危险特性[1]
HW49 其他废物	非特定行业	900-041-49	含有或沾染毒性、感染性危险废物的废弃包装物、容器、过滤吸附介质	T/In
		900-042-49	环境事件及其处理过程中产生的沾染危险化学品、危险废物的废物	T/C/I/R/In
		900-044-49	废弃的镉镍电池、荧光粉和阴极射线管	T
		900-045-49	废电路板(包括已拆除或未拆除元器件的废弃电路板),及废电路板拆解过程产生的废弃 CPU、显卡、声卡、内存、含电解液的电容器、含金等贵金属的连接件	T
		900-046-49	离子交换装置(不包括饮用水、工业纯水和锅炉软化水制备装置)再生过程中产生的废水处理污泥	T
		900-047-49	生产、研究、开发、教学、环境检测(监测)活动中,化学和生物实验室(不包含感染性医学实验室及医疗机构化验室)产生的含氰、氟、重金属无机废液及无机废液处理产生的残渣、残液,含矿物油、有机溶剂、甲醛有机废液,废酸、废碱,具有危险特性的残留样品,以及沾染上述物质的一次性实验用品(不包括按实验室管理要求进行清洗后的废弃的烧杯、量器、漏斗等实验室用品)、包装物(不包括按实验室管理要求进行清洗后的试剂包装物、容器)、过滤吸附介质等	T/C/I/R
		900-053-49	已禁止使用的《关于持久性有机污染物的斯德哥尔摩公约》受控化学物质;已禁止使用的《关于汞的水俣公约》中氯碱设施退役过程中产生的汞;所有者申报废弃的,以及有关部门依法收缴或接收且需要销毁的《关于持久性有机污 染物的斯德哥尔摩公约》《关于汞的水俣公约》受控化学物质	T
		900-999-49	被所有者申报废弃的,或未申报废弃但被非法排放、倾倒、利用、处置的,以及有关部门依法收缴或接收且需要销毁的列入《危险化学品目录》的危险化学品(不含该目录中仅具有"加压气体"物理危险性的危险化学品)	T/C/I/R
HW50 废催化剂	精炼石油产品制造	251-016-50	石油产品加氢精制过程中产生的废催化剂	T
		251-017-50	石油炼制中采用钝镍剂进行催化裂化产生的废催化剂	T
		251-018-50	石油产品加氢裂化过程中产生的废催化剂	T
		251-019-50	石油产品催化重整过程中产生的废催化剂	T

续表

废物类别	行业来源	废物代码	危险废物	危险特性[1]
HW50 废催化剂	基础化学原料制造	261-151-50	树脂、乳胶、增塑剂、胶水/胶合剂生产过程中合成、酯化、缩合等工序产生的废催化剂	T
		261-152-50	有机溶剂生产过程中产生的废催化剂	T
		261-153-50	丙烯腈合成过程中产生的废催化剂	T
		261-154-50	聚乙烯合成过程中产生的废催化剂	T
		261-155-50	聚丙烯合成过程中产生的废催化剂	T
		261-156-50	烷烃脱氢过程中产生的废催化剂	T
		261-157-50	乙苯脱氢生产苯乙烯过程中产生的废催化剂	T
		261-158-50	采用烷基化反应(歧化)生产苯、二甲苯过程中产生的废催化剂	T
		261-159-50	二甲苯临氢异构化反应过程中产生的废催化剂	T
		261-160-50	乙烯氧化生产环氧乙烷过程中产生的废催化剂	T
		261-161-50	硝基苯催化加氢法制备苯胺过程中产生的废催化剂	T
		261-162-50	以乙烯和丙烯为原料,采用茂金属催化体系生产乙丙橡胶过程中产生的废催化剂	T
		261-163-50	乙炔法生产醋酸乙烯酯过程中产生的废催化剂	T
		261-164-50	甲醇和氨气催化合成、蒸馏制备甲胺过程中产生的废催化剂	T
		261-165-50	催化重整生产高辛烷值汽油和轻芳烃过程中产生的废催化剂	T
		261-166-50	采用碳酸二甲酯法生产甲苯二异氰酸酯过程中产生的废催化剂	T
		261-167-50	合成气合成、甲烷氧化和液化石油气氧化生产甲醇过程中产生的废催化剂	T
		261-168-50	甲苯氯化水解生产邻甲酚过程中产生的废催化剂	T
		261-169-50	异丙苯催化脱氢生产 α-甲基苯乙烯过程中产生的废催化剂	T
		261-170-50	异丁烯和甲醇催化生产甲基叔丁基醚过程中产生的废催化剂	T
		261-171-50	以甲醇为原料采用铁钼法生产甲醛过程中产生的废铁钼催化剂	T
		261-172-50	邻二甲苯氧化法生产邻苯二甲酸酐过程中产生的废催化剂	T
		261-173-50	二氧化硫氧化生产硫酸过程中产生的废催化剂	T
		261-174-50	四氯乙烷催化脱氯化氢生产三氯乙烯过程中产生的废催化剂	T

续表

废物类别	行业来源	废物代码	危险废物	危险特性[1]
HW50 废催化剂	基础化学原料制造	261-175-50	苯氧化法生产顺丁烯二酸酐过程中产生的废催化剂	T
		261-176-50	甲苯空气氧化生产苯甲酸过程中产生的废催化剂	T
		261-177-50	羟丙腈氨化、加氢生产3-氨基-1-丙醇过程中产生的废催化剂	T
		261-178-50	β-羟基丙腈催化加氢生产3-氨基-1-丙醇过程中产生的废催化剂	T
		261-179-50	甲乙酮与氨催化加氢生产2-氨基丁烷过程中产生的废催化剂	T
		261-180-50	苯酚和甲醇合成2,6-二甲基苯酚过程中产生的废催化剂	T
		261-181-50	糠醛脱羰制备呋喃过程中产生的废催化剂	T
		261-182-50	过氧化法生产环氧丙烷过程中产生的废催化剂	T
		261-183-50	除农药以外其他有机磷化合物生产过程中产生的废催化剂	T
	农药制造	263-013-50	化学合成农药生产过程中产生的废催化剂	T
	化学药品原料药制造	271-006-50	化学合成原料药生产过程中产生的废催化剂	T
	兽用药品制造	275-009-50	兽药生产过程中产生的废催化剂	T
	生物药品制品制造	276-006-50	生物药品生产过程中产生的废催化剂	T
	环境治理业	772-007-50	烟气脱硝过程中产生的废钒钛系催化剂	T
	非特定行业	900-048-50	废液体催化剂	T
		900-049-50	机动车和非道路移动机械尾气净化废催化剂	T

注:1.所列危险特性为该种危险废物的主要危险特性,不排除可能具有其他危险特性;“,”分隔的多个危险特性代码,表示该种废物具有列在第一位代码所代表的危险特性,且可能具有所列其他代码代表的危险特性;“/”分隔的多个危险特性代码,表示该种危险废物具有所列代码所代表的一种或多种危险特性

2.医疗废物分类按照《医疗废物分类目录》执行

危险废物豁免管理清单

本清单各栏目说明：

1.“序号”指列入本目录危险废物的顺序编号。

2.“废物类别/代码”指列入本目录危险废物的类别或代码。

3.“危险废物”指列入本目录危险废物的名称。

4.“豁免环节”指可不按危险废物管理的环节。

5.“豁免条件”指可不按危险废物管理应具备的条件。

6.“豁免内容”指可不按危险废物管理的内容。

7.《医疗废物分类目录》对医疗废物有其他豁免管理内容的，按照该目录有关规定执行。

8.本清单引用文件中，凡是未注明日期的引用文件，其最新版本适用于本清单。

表 2　危险废物豁免管理目录

序号	废物类别/代码	危险废物	豁免环节	豁免条件	豁免内容
1	生活垃圾中的危险废物	家庭日常生活或者为日常生活提供服务的活动中产生的废药品、废杀虫剂和消毒剂及其包装物、废油漆和溶剂及其包装物、废矿物油及其包装物、废胶片及废像纸、废荧光灯管、废含汞温度计、废含汞血压计、废铅蓄电池、废镍镉电池和氧化汞电池以及电子类危险废物等	全部环节	未集中收集的家庭日常生活中产生的生活垃圾中的危险废物	全过程不按危险废物管理
			收集	按照各市、县生活垃圾分类要求，纳入生活垃圾分类收集体系进行分类收集，且运输工具和暂存场所满足分类收集体系要求	从分类投放点收集转移到所设定的集中贮存点的收集过程不按危险废物管理
2	HW01	床位总数在 19 张以下（含 19 张）的医疗机构产生的医疗废物（重大传染病疫情期间产生的医疗废物除外）	收集	按《医疗卫生机构医疗废物管理办法》等规定进行消毒和收集	收集过程不按危险废物管理
			运输	转运车辆符合《医疗废物转运车技术要求（试行）》(GB 19217)要求	不按危险废物进行运输
		重大传染病疫情期间产生的医疗废物	运输	按事发地的县级以上人民政府确定的处置方案进行运输	不按危险废物进行运输
			处置	按事发地的县级以上人民政府确定的处置方案进行处置	处置过程不按危险废物管理

续表

序号	废物类别/代码	危险废物	豁免环节	豁免条件	豁免内容
3	841-001-01	感染性废物	运输	按照《医疗废物高温蒸汽集中处理工程技术规范（试行）》（HJ/T276）或《医疗废物化学消毒集中处理工程技术规范（试行）》（HJ/T228）或《医疗废物微波消毒集中处理工程技术规范（试行）》（HJ/T229）进行处理后按生活垃圾运输	不按危险废物进行运输
			处置	按照《医疗废物高温蒸汽集中处理工程技术规范（试行）》（HJ/T276）或《医疗废物化学消毒集中处理工程技术规范（试行）》（HJ/T228）或《医疗废物微波消毒集中处理工程技术规范（试行）》（HJ/T229）进行处理后进入生活垃圾填埋场填埋或进入生活垃圾焚烧厂焚烧	处置过程不按危险废物管理
4	841-002-01	损伤性废物	运输	按照《医疗废物高温蒸汽集中处理工程技术规范（试行）》（HJ/T276）或《医疗废物化学消毒集中处理工程技术规范（试行）》（HJ/T228）或《医疗废物微波消毒集中处理工程技术规范（试行）》（HJ/T229）进行处理后按生活垃圾运输	不按危险废物进行运输
			处置	按照《医疗废物高温蒸汽集中处理工程技术规范（试行）》（HJ/T276）或《医疗废物化学消毒集中处理工程技术规范（试行）》（HJ/T228）或《医疗废物微波消毒集中处理工程技术规范（试行）》（HJ/T229）进行处理后进入生活垃圾填埋场填埋或进入生活垃圾焚烧厂焚烧	处置过程不按危险废物管理

续表

序号	废物类别/代码	危险废物	豁免环节	豁免条件	豁免内容
5	841-003-01	病理性废物(人体器官)	运输	按照《医疗废物化学消毒集中处理工程技术规范(试行)》(HJ/T228)或《医疗废物微波消毒集中处理工程技术规范(试行)》(HJ/T229)进行处理后按生活垃圾运输	不按危险废物进行运输
			处置	按照《医疗废物化学消毒集中处理工程技术规范(试行)》(HJ/T228)或《医疗废物微波消毒集中处理工程技术规范(试行)》(HJ/T229)进行处理后进入生活垃圾焚烧厂焚烧	处置过程不按危险废物管理
6	900-003-04	农药使用后被废弃的与农药直接接触或含有农药残余物的包装物	收集	依据《农药包装废弃物回收处理管理办法》收集农药包装废弃物并转移到所设定的集中贮存点	收集过程不按危险废物管理
			运输	满足《农药包装废弃物回收处理管理办法》中的运输要求	不按危险废物进行运输
			利用	进入依据《农药包装废弃物回收处理管理办法》确定的资源化利用单位进行资源化利用	利用过程不按危险废物管理
			处置	进入生活垃圾填埋场填埋或进入生活垃圾焚烧厂焚烧	处置过程不按危险废物管理
7	900-210-08	船舶含油污水及残油经船上或港口配套设施预处理后产生的需通过船舶转移的废矿物油与含矿物油废物	运输	按照水运污染危害性货物实施管理	不按危险废物进行运输
8	900-249-08	废铁质油桶(不包括900-041-49类)	利用	封口处于打开状态、静置无滴漏且经打包压块后用于金属冶炼	利用过程不按危险废物管理
9	900-200-08 900-006-09	金属制品机械加工行业珩磨、研磨、打磨过程,以及使用切削油或切削液进行机械加工过程中产生的属于危险废物的含油金属屑	利用	经压榨、压滤、过滤除油达到静置无滴漏后打包压块用于金属冶炼	利用过程不按危险废物管理

续表

序号	废物类别/代码	危险废物	豁免环节	豁免条件	豁免内容
10	252-002-11 252-017-11 451-003-11	煤炭焦化、气化及生产燃气过程中产生的满足《煤焦油标准》(YB/T5075)技术要求的高温煤焦油	利用	作为原料深加工制取萘、洗油、蒽油	利用过程不按危险废物管理
		煤炭焦化、气化及生产燃气过程中产生的高温煤焦油	利用	作为黏合剂生产煤质活性炭、活性焦、碳块衬层、自焙阴极、预焙阳极、石墨碳块、石墨电极、电极糊、冷捣糊	利用过程不按危险废物管理
		煤炭焦化、气化及生产燃气过程中产生的中低温煤焦油	利用	作为煤焦油加氢装置原料生产煤基氢化油，且生产的煤基氢化油符合《煤基氢化油》(HG/T5146)技术要求	利用过程不按危险废物管理
		煤炭焦化、气化及生产燃气过程中产生的煤焦油	利用	作为原料生产炭黑	利用过程不按危险废物管理
11	900-451-13	采用破碎分选方式回收废覆铜板、线路板、电路板中金属后的废树脂粉	运输	运输工具满足防雨、防渗漏、防遗撒要求	不按危险废物进行运输
			处置	满足《生活垃圾填埋场污染控制标准》(GB 16889)要求进入生活垃圾填埋场填埋，或满足《一般工业固体废物贮存、处置场污染控制标准》(GB 18599)要求进入一般工业固体废物处置场处置	填埋处置过程不按危险废物管理
12	772-002-18	生活垃圾焚烧飞灰	运输	经处理后满足《生活垃圾填埋场污染控制标准》(GB 16889)要求，且运输工具满足防雨、防渗漏、防遗撒要求	不按危险废物进行运输
			处置	满足《生活垃圾填埋场污染控制标准》(GB 16889)要求进入生活垃圾填埋场填埋	填埋处置过程不按危险废物管理

续表

序号	废物类别/代码	危险废物	豁免环节	豁免条件	豁免内容
12	772-002-18	生活垃圾焚烧飞灰	处置	满足《水泥窑协同处置固体废物污染控制标准》(GB 30485)和《水泥窑协同处置固体废物环境保护技术规范》(HJ 662)要求进入水泥窑协同处置	水泥窑协同处置过程不按危险废物管理
13	772-003-18	医疗废物焚烧飞灰	处置	满足《生活垃圾填埋场污染控制标准》(GB 16889)要求进入生活垃圾填埋场填埋	填埋处置过程不按危险废物管理
		医疗废物焚烧处置产生的底渣	全部环节	满足《生活垃圾填埋场污染控制标准》(GB 16889)要求进入生活垃圾填埋场填埋	全过程不按危险废物管理
14	772-003-18	危险废物焚烧处置过程产生的废金属	利用	用于金属冶炼	利用过程不按危险废物管理
15	772-003-18	生物制药产生的培养基废物经生活垃圾焚烧厂焚烧处置产生的焚烧炉底渣、经水煤浆气化炉协同处置产生的气化炉渣、经燃煤电厂燃煤锅炉和生物质发电厂焚烧炉协同处置以及培养基废物专用焚烧炉焚烧处置产生的炉渣和飞灰	全部环节	生物制药产生的培养基废物焚烧处置或协同处置过程不应混入其他危险废物	全过程不按危险废物管理
16	193-002-21	含铬皮革废碎料(不包括鞣制工段修边、削匀过程产生的革屑和边角料)	运输	运输工具满足防雨、防渗漏、防遗撒要求	不按危险废物进行运输
			处置	满足《生活垃圾填埋场污染控制标准》(GB 16889)要求进入生活垃圾填埋场填埋，或满足《一般工业固体废物贮存、处置场污染控制标准》(GB 18599)要求进入一般工业固体废物处置场处置	填埋处置过程不按危险废物管理
			利用	用于生产皮件、再生革或静电植绒	利用过程不按危险废物管理

续表

序号	废物类别/代码	危险废物	豁免环节	豁免条件	豁免内容
17	261-041-21	铬渣	利用	满足《铬渣污染治理环境保护技术规范（暂行）》（HJ/T301）要求用于烧结炼铁	利用过程不按危险废物管理
18	900-052-31	未破损的废铅蓄电池	运输	运输工具满足防雨、防渗漏、防遗撒要求	不按危险废物进行运输
19	092-003-33	采用氰化物进行黄金选矿过程中产生的氰化尾渣	处置	满足《黄金行业氰渣污染控制技术规范》（HJ 943）要求进入尾矿库处置或进入水泥窑协同处置	处置过程不按危险废物管理
20	HW34	仅具有腐蚀性危险特性的废酸	利用	作为生产原料综合利用	利用过程不按危险废物管理
			利用	作为工业污水处理厂污水处理中和剂利用，且满足以下条件：废酸中第一类污染物含量低于该污水处理厂排放标准，其他《危险废物鉴别标准浸出毒性》（GB 5085.3）所列特征污染物含量低于 GB 5085.3 限值的 1/10	利用过程不按危险废物管理
21	HW35	仅具有腐蚀性危险特性的废碱	利用	作为生产原料综合利用	利用过程不按危险废物管理
			利用	作为工业污水处理厂污水处理中和剂利用，且满足以下条件：液态碱或固态碱按 HJ/T 299 方法制取的浸出液中第一类污染物含量低于该污水处理厂排放标准，其他《危险废物鉴别标准浸出毒性》（GB 5085.3）所列特征污染物低于 GB 5085.3 限值的 1/10	利用过程不按危险废物管理
22	321-024-48 321-026-48	铝灰渣和二次铝灰	利用	回收金属铝	利用过程不按危险废物管理

续表

序号	废物类别/代码	危险废物	豁免环节	豁免条件	豁免内容
23	323-001-48	仲钨酸铵生产过程中碱分解产生的碱煮渣（钨渣）和废水处理污泥	处置	满足《水泥窑协同处置固体废物污染控制标准》（GB 30485）和《水泥窑协同处置固体废物环境保护技术规范》（HJ 662）要求进入水泥窑协同处置	处置过程不按危险废物管理
24	900-041-49	废弃的含油抹布、劳保用品	全部环节	未分类收集	全过程不按危险废物管理
25	突发环境事件产生的危险废物	突发环境事件及其处理过程中产生的HW900-042-49类危险废物和其他需要按危险废物进行处理处置的固体废物，以及事件现场遗留的其他危险废物和废弃危险化学品	运输	按事发地的县级以上人民政府确定的处置方案进行运输	不按危险废物进行运输
			利用、处置	按事发地的县级以上人民政府确定的处置方案进行利用或处置	利用或处置过程不按危险废物管理
26	历史遗留危险废物	历史填埋场地清理，以及水体环境治理过程产生的需要按危险废物进行处理处置的固体废物	运输	按事发地的设区市级以上生态环境部门同意的处置方案进行运输	不按危险废物进行运输
			利用、处置	按事发地的设区市级以上生态环境部门同意的处置方案进行利用或处置	利用或处置过程不按危险废物管理
		实施土壤污染风险管控、修复活动中，属于危险废物的污染土壤	运输	修复施工单位制定转运计划，依法提前报所在地和接收地的设区市级以上生态环境部门	不按危险废物进行运输
			处置	满足《水泥窑协同处置固体废物污染控制标准》（GB 30485）和《水泥窑处置固体废物环境保护技术规范》（HJ 662）要求进入水泥窑协同处置	处置过程不按危险废物管理
27	900-044-49	阴极射线管含铅玻璃	运输	运输工具满足防雨、防渗漏、防遗撒要求	不按危险废物进行运输
28	900-045-49	废弃电路板	运输	运输工具满足防雨、防渗漏、防遗撒要求	不按危险废物进行运输
29	772-007-50	烟气脱硝过程中产生的废钒钛系催化剂	运输	运输工具满足防雨、防渗漏、防遗撒要求	不按危险废物进行运输

续表

序号	废物类别/代码	危险废物	豁免环节	豁免条件	豁免内容
30	251-017-50	催化裂化废催化剂	运输	采用密闭罐车运输	不按危险废物进行运输
31	900-049-50	机动车和非道路移动机械尾气净化废催化剂	运输	运输工具满足防雨、防渗漏、防遗撒要求	不按危险废物进行运输
32	—	未列入本《危险废物豁免管理清单》中的危险废物或利用过程不满足本《危险废物豁免管理清单》所列豁免条件的危险废物	利用	在环境风险可控的前提下,根据省级生态环境部门确定的方案,实行危险废物“点对点”定向利用,即:一家单位产生的一种危险废物,可作为另外一家单位环境治理或工业原料生产的替代原料进行使用	利用过程不按危险废物管理

国家环境保护总局办公厅关于印发排放口标志牌技术规格的通知

环办〔2003〕第95号

一、环保图形标志

1. 环保图形标志必须符合原国家环境保护局和国家技术监督局发布的中华人民共和国国家标准GB 15562.1—1995《环境保护图形标志》排放口(源)和GB 15562.2—1995《环境保护图形标志》固体废物贮存(处置)场的要求。

2. 图形颜色及装置颜色

(1)提示标志:底和立柱为绿色,图案、边框、支架和文字为白色;

(2)警告标志:底和立柱为黄色,图案、边框、支架和文字为黑色。

3. 辅助标志内容

(1)排放口标志名称;

(2)单位名称;

(3)编号；

(4)污染物种类；

(5)××环境保护局监制。

4. 辅助标志字型：黑体字。

5. 标志牌尺寸

(1)平面固定式标志牌外形尺寸

①提示标志：480mm×300mm

②警告标志：边长 420mm

(2)立式固定式标志牌外形尺寸

①提示标志：420mm×420mm

②警告标志：边长 560mm

③高度：标志牌最上端距地面 2m、地下 0.3m

二、标志牌材料

1. 标志牌采用 1.5～2mm 冷轧钢板；

2. 立柱采用 38×4 无缝钢管；

3. 表面采用搪瓷或者反光贴膜。

三、标志牌的表面处理

1. 搪瓷处理或贴膜处理；

2. 标志牌的端面及立柱要经过防腐处理。

四、标志牌的外观质量要求

1. 标志牌、立柱无明显变形；

2. 标志牌表面无气泡，膜或搪瓷无脱落；

3. 图案清晰，色泽一致，不得有明显缺损；

4. 标志牌的表面不应有开裂、脱落及其他破损。

废水、废气、噪声和一般固体废物标志牌式样

1. 平面标志牌

（提示标志，适合于室内外悬挂。尺寸：480mm×300mm。）

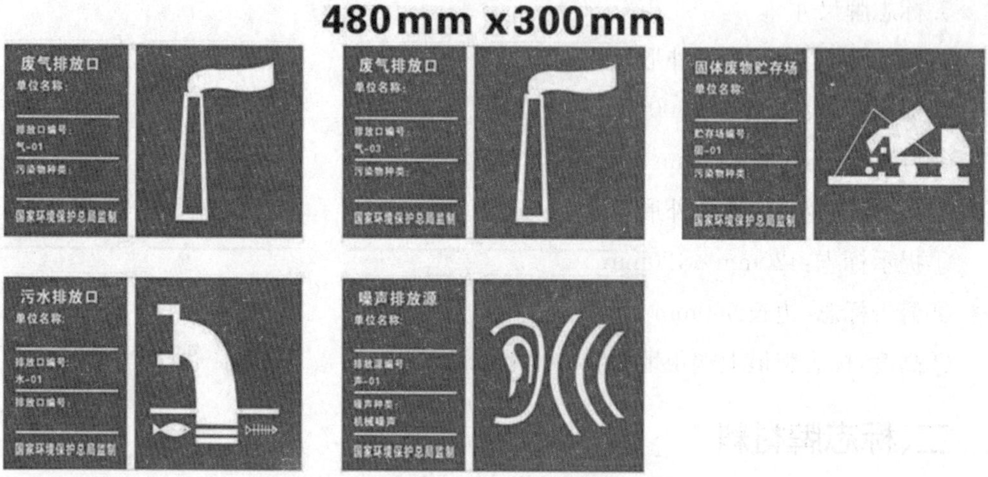

图1　各种平面标志牌式样

2. 立式标志牌

（提示标志，适合于室内外独立摆放或树立。正、背面尺寸：420mm×420mm，立柱高度：标志牌最上端距地面2m、地下0.3m。）

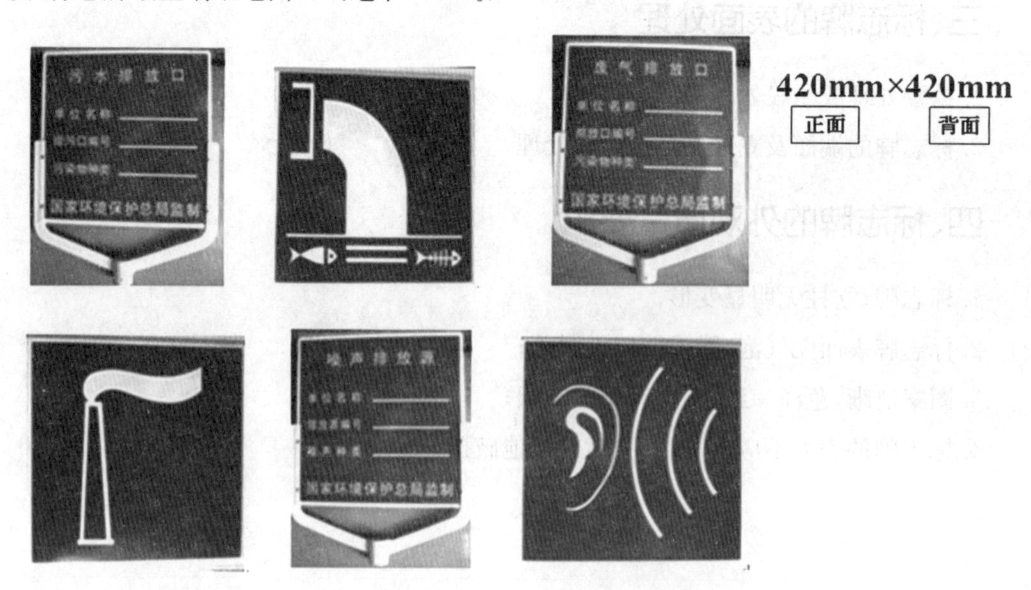

图2　各种立式标志牌式样

危险废物标志牌推荐式样

表 3 危险废物警告标志牌式样一

(适合于室内外悬挂的危险废物警告标志)

<table>
<tr><td rowspan="2"></td><td>说 明</td></tr>
<tr><td>1. 危险废物警告标志规格颜色
形状:等边三角形,边长 40cm
颜色:背景为黄色,图形为黑色
2. 警告标志外檐 2.5cm。
3. 使用于:危险废物贮存设施为房屋的,建有围墙或防护栅栏,且高度高于 100cm 时;部分危险废物利用、处置场所。</td></tr>
</table>

表 4 危险废物警告标志牌式样二

(适合于室内外独立摆放或树立的危险废物警告标志)

<table>
<tr><td rowspan="2"></td><td>说 明</td></tr>
<tr><td>1. 主标识要求同表 3。
2. 主标识背面以螺丝固定,以调整支杆高度,支杆底部可以埋于地下,也可以独立摆放,标志牌下沿距地面 120cm。
3. 使用于
(1)危险废物贮存设施建有围墙或防护栅栏的高度不足 100cm 时。
(2)危险废物贮存设施其他箱、柜等独立贮存设施的,其箱、柜上不便于悬挂时。
(3)危险废物贮存于库房一隅的,需独立摆放时。
(4)所产生的危险废物密封不外排存放的,需独立摆放时。
(5)部分危险废物利用、处置场所。</td></tr>
</table>

表 5　危险废物标签式样一

（适合于室内外悬挂的危险废物标签）

	说　明
	1. 危险废物标签尺寸颜色 尺寸：40cm×40cm 底色：醒目的橘黄色 字体：黑体字 字体颜色：黑色 2. 危险类别：按危险废物种类选择。 3. 使用于：危险废物贮存设施为房屋的；或建有围墙或防护栅栏，且高度高于 100cm 时。

表 6　危险废物标签式样二

（适合于室内外独立树立或摆放的危险废物标签）

	说　明
	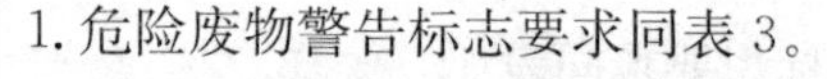 1. 危险废物警告标志要求同表 3。 2. 危险废物标签要求同附件表 5。 3. 支杆距地面 120cm。 4. 使用于 (1)危险废物贮存设施建有围墙或防护栅栏的高度不足 100cm 时。 (2)危险废物贮存设施其他箱、柜等独立贮存设施的，其箱、柜上不便于悬挂时。 (3)危险废物贮存于库房一隅的，需独立摆放时。 (4)所产生的危险废物密封不外排存放的，需独立摆放时。

表 7 危险废物标签式样三

（粘贴于危险废物储存容器上的危险废物标签）

	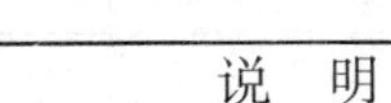 说　明
	1. 危险废物标签尺寸颜色 尺寸：20cm×20cm 底色：醒目的橘黄色 字体：黑体字 字体颜色：黑色 2. 危险类别：按危险废物种类选择。 3. 材料为不干胶印刷品。

表 8 危险废物标签式样四

（系挂于袋装危险废物包装物上的危险废物标签）

	说　明
	1. 危险废物标签尺寸颜色 尺寸：10cm×10cm 底色：醒目的橘黄色 字体：黑体字 字体颜色：黑色 2. 危险类别：按危险废物种类选择。 3. 材料为印刷品。

表 9 一些危险废物的危险分类

废物种类	危险分类
废酸类	刺激性/腐蚀性（视其强度而定）
废碱类	刺激性/腐蚀性（视其强度而定）
废溶剂如乙醇、甲苯	易燃
卤化溶剂	有毒
油—水混合物	有害
氰化物溶液	有毒
酸及重金属混合物	有害/刺激性
重金属	有害
含六价铬的溶液	刺激性
石棉	石棉

表 10　危险废物种类

危险分类	符号	危险分类	符号
Explosive 爆炸性 黑色字 橙色底	EXPLOSIVE 爆炸性	Toxic 有毒	TOXIC 有毒
Flammable 易燃 黑色字 红色底	FLAMMABLE 易燃	Harmful 有害	HARMFUL 有害
Oxidizing 助燃 黑色字 黄色底	OXIDIZING 助燃	Corrosive 腐蚀性	CORROSIVE 腐蚀性
Irritant 刺激性	IRRITANT 刺激性	Asbestos 石棉	ASBESTOS 石棉 Do not Inhale Dust 切勿吸入石棉尘埃

表 11　医疗废物警示标志式样一

（适用于医疗废物暂存、处置场所的医疗废物警示标志）

	说　明
	1. 形状：等边三角形 2. 颜色：背景色为黄色 文字和字母为黑色 边框和主标识为黑色 3. 尺寸：警示牌　等边三角形边长 400mm 主标识　高 150mm 中文文字　高 40mm 英文文字　高 40mm 4. 适用于：医院医疗废物暂存间、医疗废物处置中心医疗废物暂存间或医疗废物处置设施。

表 12　医疗废物警示标志式样二

（适用于医院科室医疗废物收集点的医疗废物警示标志）

	说　明
	1. 主标识形状、颜色同表 11。 2. 尺寸：警示牌　等边三角形边长 200mm 主标识　高 75mm 中文文字　高 20mm 英文文字　高 20mm 3. 适用于：适用于医院科室医疗废物收集点。

表 13 医疗废物转运车警示标志

	说 明
	1. 形状:菱形形 2. 颜色:背景色 醒目的橘红色 文字和字母 黑色 边框和主标识 黑色 3. 尺寸:警示牌 边长 400mm 主标识 高 150mm 中文文字 高 40mm 英文文字 高 40mm

D 医疗废物专用包装物警示标志

标志颜色		
	菱形边框	黑色
	背景色	淡黄(GB/T3181 中的 Y06)
	中英文文字	黑色
标志规格		
包装袋	感染性标志	高度最小 5.0cm
	中文文字	高度最小 1.0cm
	英文文字	高度最小 0.6cm
	警示标志	最小 12.0cm×12.0cm
利器盒	感染性标志	高度最小 2.5cm
	中文文字	高度最小 0.5cm
	英文文字	高度最小 0.3cm
	警示标志	最小 6.0cm×6.0cm
周转箱(桶)	感染性标志	高度最小 10.0cm
	中文文字	高度最小 2.5cm
	英文文字	高度最小 1.65cm
	警示标志	最小 20.0cm×20.0cm

注:1. 带有警告语的警示标志的底色为包装袋和容器的背景色,边框和警告语的颜色均为黑色,长宽比为 2∶1,其中宽度与警示标志的高度相同。

2. 警告语依据《医疗废物分类目录》确定,如感染性废物、损伤性废物等。

3. 警示标志和警告语的印刷质量要求油墨均匀;图案、文字清晰、完整;套印准确,套印误差应不大于 1mm。

附录三 城市绿化条例

第一章 总 则

第一条 为了促进城市绿化事业的发展,改善生态环境,美化生活环境,增进人民身心健康,制定本条例。

第二条 本条例适用于在城市规划区内种植和养护树木花草等城市绿化的规划、建设、保护和管理。

第三条 城市人民政府应当把城市绿化建设纳入国民经济和社会发展计划。

第四条 国家鼓励和加强城市绿化的科学研究,推广先进技术,提高城市绿化的科学技术和艺术水平。

第五条 城市中的单位和有劳动能力的公民,应当依照国家有关规定履行植树或者其他绿化义务。

第六条 对在城市绿化工作中成绩显著的单位和个人,由人民政府给予表彰和奖励。

第七条 国务院设立全国绿化委员会,统一组织领导全国城乡绿化工作,其办公室设在国务院林业行政主管部门。

国务院城市建设行政主管部门和国务院林业行政主管部门等,按照国务院规定的职权划分,负责全国城市绿化工作。

地方绿化管理体制,由省、自治区、直辖市人民政府根据本地实际情况规定。

城市人民政府城市绿化行政主管部门主管本行政区域内城市规划区的城市绿化工作。

在城市规划区内,有关法律、法规规定由林业行政主管部门等管理的绿化工作,依照有关法律、法规执行。

第二章　规划和建设

第八条　城市人民政府应当组织城市规划行政主管部门和城市绿化行政主管部门等共同编制城市绿化规划，并纳入城市总体规划。

第九条　城市绿化规划应当从实际出发，根据城市发展需要，合理安排同城市人口和城市面积相适应的城市绿化用地面积。

城市人均公共绿地面积和绿化覆盖率等规划指标，由国务院城市建设行政主管部门根据不同城市的性质、规模和自然条件等实际情况规定。

第十条　城市绿化规划应当根据当地的特点，利用原有的地形、地貌、水体、植被和历史文化遗址等自然、人文条件，以方便群众为原则，合理设置公共绿地、居住区绿地、防护绿地、生产绿地和风景林地等。

第十一条　城市绿化工程的设计，应当委托持有相应资格证书的设计单位承担。

工程建设项目的附属绿化工程设计方案，按照基本建设程序审批时，必须有城市人民政府城市绿化行政主管部门参加审查。

建设单位必须按照批准的设计方案进行施工。设计方案确需改变时，须经原批准机关审批。

第十二条　城市绿化工程的设计，应当借鉴国内外先进经验，体现民族风格和地方特色。城市公共绿地和居住区绿地的建设，应当以植物造景为主，选用适合当地自然条件的树木花草，并适当配置泉、石、雕塑等景物。

第十三条　城市绿化规划应当因地制宜地规划不同类型的防护绿地。各有关单位应当依照国家有关规定，负责本单位管界内防护绿地的绿化建设。

第十四条　单位附属绿地的绿化规划和建设，由该单位自行负责，城市人民政府城市绿化行政主管部门应当监督检查，并给予技术指导。

第十五条　城市苗圃、草圃、花圃等生产绿地的建设，应当适应城市绿化建设的需要。

第十六条　城市新建、扩建、改建工程项目和开发住宅区项目，需要绿化的，其基本建设投资中应当包括配套的绿化建设投资，并统一安排绿化工程施工，在规定的期限内完成绿化任务。

第三章　保护和管理

第十七条　城市的公共绿地、风景林地、防护绿地、行道树及干道绿化带的绿化，由城市人民政府城市绿化行政主管部门管理；各单位管界内的防护绿地的绿化，由该单位按照国家有关规定管理；单位自建的公园和单位附属绿地的绿化，由该单位管理；居住区绿地的绿化，由城市人民政府城市绿化行政主管部门根据实际情况确定的单位管理；城市苗圃、草圃和花圃等，由其经营单位管理。

第十八条　任何单位和个人都不得擅自改变城市绿化规划用地性质或者破坏绿化规划用地的地形、地貌、水体和植被。

第十九条　任何单位和个人都不得擅自占用城市绿化用地；占用的城市绿化用地，应当限期归还。

因建设或者其他特殊需要临时占用城市绿化用地，须经城市人民政府城市绿化行政主管部门同意，并按照有关规定办理临时用地手续。

第二十条　任何单位和个人都不得损坏城市树木花草和绿化设施。

砍伐城市树木，必须经城市人民政府城市绿化行政主管部门批准，并按照国家有关规定补植树木或者采取其他补救措施。

第二十一条　在城市的公共绿地内开设商业、服务摊点的，必须向公共绿地管理单位提出申请，经城市人民政府城市绿化行政主管部门或者其授权的单位同意后，持工商行政管理部门批准的营业执照，在公共绿地管理单位指定的地点从事经营活动，并遵守公共绿地和工商行政管理的规定。

第二十二条　城市的绿地管理单位，应当建立、健全管理制度，保持树木花草繁茂及绿化设施完好。

第二十三条　为保证管线的安全使用需要修剪树木时，必须经城市人民政府城市绿化行政主管部门批准，按照兼顾管线安全使用和树木正常生长的原则进行修剪。承担修剪费用的办法，由城市人民政府规定。

因不可抗力致使树木倾斜危及管线安全时，管线管理单位可以先行修剪、扶正或者砍伐树木，但是，应当及时报告城市人民政府城市绿化行政主管部门和绿地管理单位。

第二十四条　百年以上树龄的树木，稀有、珍贵树木，具有历史价值或者重要纪念意义的树木，均属古树名木。

对城市古树名木实行统一管理，分别养护。城市人民政府城市绿化行政主管部门，应当建立古树名木的档案和标志，划定保护范围，加强养护管理。在单位管界内或者私人庭院内的古树名木，由该单位或者居民负责养护，城市人民政府城市绿化行政主管部门负责监督和技术指导。

严禁砍伐或者迁移古树名木。因特殊需要迁移古树名木，必须经城市人民政府城市绿化行政主管部门审查同意，并报同级或者上级人民政府批准。

第四章　罚　则

第二十五条　工程建设项目的附属绿化工程设计方案，未经批准或者未按照批准的设计方案施工的，由城市人民政府城市绿化行政主管部门责令停止施工、限期改正或者采取其他补救措施。

第二十六条　违反本条例规定，有下列行为之一的，由城市人民政府城市绿化行政主管部门或者其授权的单位责令停止侵害，可以并处罚款；造成损失的，应当负赔偿责任；应当给予治安管理处罚的，依照《中华人民共和国治安管理处罚法》的有关规定处罚；构成犯罪的，依法追究刑事责任：

（一）损坏城市树木花草的；

（二）擅自砍伐城市树木的；

（三）砍伐、擅自迁移古树名木或者因养护不善致使古树名木受到损伤或者死亡的；

（四）损坏城市绿化设施的。

第二十七条　未经同意擅自占用城市绿化用地的，由城市人民政府城市绿化行政主管部门责令限期退还、恢复原状，可以并处罚款；造成损失的，应当负赔偿责任。

第二十八条　对不服从公共绿地管理单位管理的商业、服务摊点，由城市人民政府城市绿化行政主管部门或者其授权的单位给予警告，可以并处罚款；情节严重的，可以提请工商行政管理部门吊销营业执照。

第二十九条　对违反本条例的直接责任人员或者单位负责人，可以由其所在单位或者上级主管机关给予行政处分；构成犯罪的，依法追究刑事责任。

第三十条　城市人民政府城市绿化行政主管部门和城市绿地管理单位的工作人员玩忽职守、滥用职权、徇私舞弊的，由其所在单位或者上级主管机关给予行政处分；构成犯罪的，依法追究刑事责任。

第三十一条　当事人对行政处罚不服的，可以自接到处罚决定通知之日起 15 日内，向作出处罚决定机关的上一级机关申请复议；对复议决定不服的，可以自接到复议决定之日起15日内向人民法院起诉。当事人也可以直接向人民法院起诉。逾期不申请复议或者不向人民法院起诉又不履行处罚决定的,由作出处罚决定的机关申请人民法院强制执行。

对治安管理处罚不服的,依照《中华人民共和国治安管理处罚法》的规定执行。

第五章 附 则

第三十二条 省、自治区、直辖市人民政府可以依照本条例制定实施办法。

第三十三条 本条例自1992年8月1日起施行。

附录四 森林法

第一章 总 则

第一条 为了践行绿水青山就是金山银山理念,保护、培育和合理利用森林资源,加快国土绿化,保障森林生态安全,建设生态文明,实现人与自然和谐共生,制定本法。

第二条 在中华人民共和国领域内从事森林、林木的保护、培育、利用和森林、林木、林地的经营管理活动,适用本法。

第三条 保护、培育、利用森林资源应当尊重自然、顺应自然,坚持生态优先、保护优先、保育结合、可持续发展的原则。

第四条 国家实行森林资源保护发展目标责任制和考核评价制度。上级人民政府对下级人民政府完成森林资源保护发展目标和森林防火、重大林业有害生物防治工作的情况进行考核,并公开考核结果。

地方人民政府可以根据本行政区域森林资源保护发展的需要,建立林长制。

第五条 国家采取财政、税收、金融等方面的措施,支持森林资源保护发展。各级人民政府应当保障森林生态保护修复的投入,促进林业发展。

第六条 国家以培育稳定、健康、优质、高效的森林生态系统为目标,对公益林和商品林实行分类经营管理,突出主导功能,发挥多种功能,实现森林资源永续利用。

第七条 国家建立森林生态效益补偿制度,加大公益林保护支持力度,完善重点生态功能区转移支付政策,指导受益地区和森林生态保护地区人民政府通过协商等方式进行生态效益补偿。

第八条 国务院和省、自治区、直辖市人民政府可以依照国家对民族自治地方自治权的规定，对民族自治地方的森林保护和林业发展实行更加优惠的政策。

第九条 国务院林业主管部门主管全国林业工作。县级以上地方人民政府林业主管部门，主管本行政区域的林业工作。

乡镇人民政府可以确定相关机构或者设置专职、兼职人员承担林业相关工作。

第十条 植树造林、保护森林，是公民应尽的义务。各级人民政府应当组织开展全民义务植树活动。

每年三月十二日为植树节。

第十一条 国家采取措施，鼓励和支持林业科学研究，推广先进适用的林业技术，提高林业科学技术水平。

第十二条 各级人民政府应当加强森林资源保护的宣传教育和知识普及工作，鼓励和支持基层群众性自治组织、新闻媒体、林业企业事业单位、志愿者等开展森林资源保护宣传活动。

教育行政部门、学校应当对学生进行森林资源保护教育。

第十三条 对在造林绿化、森林保护、森林经营管理以及林业科学研究等方面成绩显著的组织或者个人，按照国家有关规定给予表彰、奖励。

第二章 森林权属

第十四条 森林资源属于国家所有，由法律规定属于集体所有的除外。

国家所有的森林资源的所有权由国务院代表国家行使。国务院可以授权国务院自然资源主管部门统一履行国有森林资源所有者职责。

第十五条 林地和林地上的森林、林木的所有权、使用权，由不动产登记机构统一登记造册，核发证书。国务院确定的国家重点林区（以下简称重点林区）的森林、林木和林地，由国务院自然资源主管部门负责登记。

森林、林木、林地的所有者和使用者的合法权益受法律保护，任何组织和个人不得侵犯。

森林、林木、林地的所有者和使用者应当依法保护和合理利用森林、林木、林地，不得非法改变林地用途和毁坏森林、林木、林地。

第十六条 国家所有的林地和林地上的森林、林木可以依法确定给林业经营者使用。林业经营者依法取得的国有林地和林地上的森林、林木的使用权，经批准可以转让、出租、作价出资等。具体办法由国务院制定。

林业经营者应当履行保护、培育森林资源的义务，保证国有森林资源稳定增长，提高森林生态功能。

第十七条 集体所有和国家所有依法由农民集体使用的林地（以下简称集体林地）实行承包经营的，承包方享有林地承包经营权和承包林地上的林木所有权，合同另有约定的从其约定。承包方可以依法采取出租（转包）、入股、转让等方式流转林地经营权、林木所有权和使用权。

第十八条 未实行承包经营的集体林地以及林地上的林木，由农村集体经济组织统一经营。经本集体经济组织成员的村民会议三分之二以上成员或者三分之二以上村民代表同意并公示，可以通过招标、拍卖、公开协商等方式依法流转林地经营权、林木所有权和使用权。

第十九条 集体林地经营权流转应当签订书面合同。林地经营权流转合同一般包括流转双方的权利义务、流转期限、流转价款及支付方式、流转期限届满林地上的林木和固定生产设施的处置、违约责任等内容。

受让方违反法律规定或者合同约定造成森林、林木、林地严重毁坏的，发包方或者承包方有权收回林地经营权。

第二十条 国有企业事业单位、机关、团体、部队营造的林木，由营造单位管护并按照国家规定支配林木收益。

农村居民在房前屋后、自留地、自留山种植的林木，归个人所有。城镇居民在自有房屋的庭院内种植的林木，归个人所有。

集体或者个人承包国家所有和集体所有的宜林荒山荒地荒滩营造的林木，归承包的集体或者个人所有；合同另有约定的从其约定。

其他组织或者个人营造的林木，依法由营造者所有并享有林木收益；合同另有约定的从其约定。

第二十一条 为了生态保护、基础设施建设等公共利益的需要，确需征收、征用林地、林木的，应当依照《中华人民共和国土地管理法》等法律、行政法规的规定办理审批手续，并给予公平、合理的补偿。

第二十二条 单位之间发生的林木、林地所有权和使用权争议，由县级以上人民政府依法处理。

个人之间、个人与单位之间发生的林木所有权和林地使用权争议，由乡镇人民政府或者县级以上人民政府依法处理。

当事人对有关人民政府的处理决定不服的，可以自接到处理决定通知之日起三十日内，向人民法院起诉。

在林木、林地权属争议解决前，除因森林防火、林业有害生物防治、国家重大基础设施建设等需要外，当事人任何一方不得砍伐有争议的林木或者改变林地现状。

第三章　发展规划

第二十三条　县级以上人民政府应当将森林资源保护和林业发展纳入国民经济和社会发展规划。

第二十四条　县级以上人民政府应当落实国土空间开发保护要求，合理规划森林资源保护利用结构和布局，制定森林资源保护发展目标，提高森林覆盖率、森林蓄积量，提升森林生态系统质量和稳定性。

第二十五条　县级以上人民政府林业主管部门应当根据森林资源保护发展目标，编制林业发展规划。下级林业发展规划依据上级林业发展规划编制。

第二十六条　县级以上人民政府林业主管部门可以结合本地实际，编制林地保护利用、造林绿化、森林经营、天然林保护等相关专项规划。

第二十七条　国家建立森林资源调查监测制度，对全国森林资源现状及变化情况进行调查、监测和评价，并定期公布。

第四章　森林保护

第二十八条　国家加强森林资源保护，发挥森林蓄水保土、调节气候、改善环境、维护生物多样性和提供林产品等多种功能。

第二十九条　中央和地方财政分别安排资金，用于公益林的营造、抚育、保护、管理和非国有公益林权利人的经济补偿等，实行专款专用。具体办法由国务院财政部门会同林业主管部门制定。

第三十条　国家支持重点林区的转型发展和森林资源保护修复，改善生产生活条件，促进所在地区经济社会发展。重点林区按照规定享受国家重点生态功能区转移支付等政策。

第三十一条　国家在不同自然地带的典型森林生态地区、珍贵动物和植物生长繁殖的林区、天然热带雨林区和具有特殊保护价值的其他天然林区，建立以国家公园为主体的自然保护地体系，加强保护管理。

国家支持生态脆弱地区森林资源的保护修复。

县级以上人民政府应当采取措施对具有特殊价值的野生植物资源予以保护。

第三十二条　国家实行天然林全面保护制度，严格限制天然林采伐，加强天然林管护能力建设，保护和修复天然林资源，逐步提高天然林生态功能。具体办法由国务院规定。

第三十三条　地方各级人民政府应当组织有关部门建立护林组织，负责护林工作；根据实际需要建设护林设施，加强森林资源保护；督促相关组织订立护林公约、组织群众护林、划定护林责任区、配备专职或者兼职护林员。

县级或者乡镇人民政府可以聘用护林员，其主要职责是巡护森林，发现火情、林业有害生物以及破坏森林资源的行为，应当及时处理并向当地林业等有关部门报告。

第三十四条　地方各级人民政府负责本行政区域的森林防火工作，发挥群防作用；县级以上人民政府组织领导应急管理、林业、公安等部门按照职责分工密切配合做好森林火灾的科学预防、扑救和处置工作：

（一）组织开展森林防火宣传活动，普及森林防火知识；

（二）划定森林防火区，规定森林防火期；

（三）设置防火设施，配备防灭火装备和物资；

（四）建立森林火灾监测预警体系，及时消除隐患；

（五）制定森林火灾应急预案，发生森林火灾，立即组织扑救；

（六）保障预防和扑救森林火灾所需费用。

国家综合性消防救援队伍承担国家规定的森林火灾扑救任务和预防相关工作。

第三十五条　县级以上人民政府林业主管部门负责本行政区域的林业有害生物的监测、检疫和防治。

省级以上人民政府林业主管部门负责确定林业植物及其产品的检疫性有害生物，划定疫区和保护区。

重大林业有害生物灾害防治实行地方人民政府负责制。发生暴发性、危险性等重大林业有害生物灾害时，当地人民政府应当及时组织除治。

林业经营者在政府支持引导下，对其经营管理范围内的林业有害生物进行防治。

第三十六条　国家保护林地，严格控制林地转为非林地，实行占用林地总量控制，确保林地保有量不减少。各类建设项目占用林地不得超过本行政区域的占用林地总量控制指标。

第三十七条　矿藏勘查、开采以及其他各类工程建设，应当不占或者少占林地；确需占用林地的，应当经县级以上人民政府林业主管部门审核同意，依法办理建设用地审批手续。

占用林地的单位应当缴纳森林植被恢复费。森林植被恢复费征收使用管理办法由国务院财政部门会同林业主管部门制定。

县级以上人民政府林业主管部门应当按照规定安排植树造林，恢复森林植被，植树造林面积不得少于因占用林地而减少的森林植被面积。上级林业主管部门应当定期督促下级林业主管部门组织植树造林、恢复森林植被，并进行检查。

第三十八条　需要临时使用林地的，应当经县级以上人民政府林业主管部门批准；临时使用林地的期限一般不超过二年，并不得在临时使用的林地上修建永久性建筑物。

临时使用林地期满后一年内，用地单位或者个人应当恢复植被和林业生产条件。

第三十九条　禁止毁林开垦、采石、采砂、采土以及其他毁坏林木和林地的行为。

禁止向林地排放重金属或者其他有毒有害物质含量超标的污水、污泥，以及可能造成林地污染的清淤底泥、尾矿、矿渣等。

禁止在幼林地砍柴、毁苗、放牧。

禁止擅自移动或者损坏森林保护标志。

第四十条　国家保护古树名木和珍贵树木。禁止破坏古树名木和珍贵树木及其生存的自然环境。

第四十一条　各级人民政府应当加强林业基础设施建设，应用先进适用的科技手段，提高森林防火、林业有害生物防治等森林管护能力。

各有关单位应当加强森林管护。国有林业企业事业单位应当加大投入，加强森林防火、林业有害生物防治，预防和制止破坏森林资源的行为。

第五章　造林绿化

第四十二条　国家统筹城乡造林绿化，开展大规模国土绿化行动，绿化美化城乡，推动森林城市建设，促进乡村振兴，建设美丽家园。

第四十三条　各级人民政府应当组织各行各业和城乡居民造林绿化。

宜林荒山荒地荒滩，属于国家所有的，由县级以上人民政府林业主管部门和其他有关主管部门组织开展造林绿化；属于集体所有的，由集体经济组织组织开展造林绿化。

城市规划区内、铁路公路两侧、江河两侧、湖泊水库周围，由各有关主管部门按照有关规定因地制宜组织开展造林绿化；工矿区、工业园区、机关、学校用地，部队营区以及农场、牧场、渔场经营地区，由各该单位负责造林绿化。组织开展城市造林绿化的具体办法由国务院制定。

国家所有和集体所有的宜林荒山荒地荒滩可以由单位或者个人承包造林绿化。

第四十四条　国家鼓励公民通过植树造林、抚育管护、认建认养等方式参与造林绿化。

第四十五条　各级人民政府组织造林绿化，应当科学规划、因地制宜，优化林种、树种结构，鼓励使用乡土树种和林木良种、营造混交林，提高造林绿化质量。

国家投资或者以国家投资为主的造林绿化项目，应当按照国家规定使用林木良种。

第四十六条　各级人民政府应当采取以自然恢复为主、自然恢复和人工修复相结合的措施，科学保护修复森林生态系统。新造幼林地和其他应当封山育林的地方，由当地人民政府组织封山育林。

各级人民政府应当对国务院确定的坡耕地、严重沙化耕地、严重石漠化耕地、严重污染耕地等需要生态修复的耕地，有计划地组织实施退耕还林还草。

各级人民政府应当对自然因素等导致的荒废和受损山体、退化林地以及宜林荒山荒地荒滩，因地制宜实施森林生态修复工程，恢复植被。

第六章　经营管理

第四十七条　国家根据生态保护的需要，将森林生态区位重要或者生态状况脆弱，以发挥生态效益为主要目的的林地和林地上的森林划定为公益林。未划定为公益林的林地和林地上的森林属于商品林。

第四十八条　公益林由国务院和省、自治区、直辖市人民政府划定并公布。

下列区域的林地和林地上的森林，应当划定为公益林：

（一）重要江河源头汇水区域；

（二）重要江河干流及支流两岸、饮用水水源地保护区；

（三）重要湿地和重要水库周围；

（四）森林和陆生野生动物类型的自然保护区；

（五）荒漠化和水土流失严重地区的防风固沙林基干林带；

（六）沿海防护林基干林带；

（七）未开发利用的原始林地区；

（八）需要划定的其他区域。

公益林划定涉及非国有林地的，应当与权利人签订书面协议，并给予合理补偿。

公益林进行调整的，应当经原划定机关同意，并予以公布。

国家级公益林划定和管理的办法由国务院制定；地方级公益林划定和管理的办法由省、自治区、直辖市人民政府制定。

第四十九条　国家对公益林实施严格保护。

县级以上人民政府林业主管部门应当有计划地组织公益林经营者对公益林中生态功能低下的疏林、残次林等低质低效林，采取林分改造、森林抚育等措施，提高公益林的质量和生态保护功能。

在符合公益林生态区位保护要求和不影响公益林生态功能的前提下，经科学论证，可以合理利用公益林林地资源和森林景观资源，适度开展林下经济、森林旅游等。利用公益林开展上述活动应当严格遵守国家有关规定。

第五十条　国家鼓励发展下列商品林：

（一）以生产木材为主要目的的森林；

（二）以生产果品、油料、饮料、调料、工业原料和药材等林产品为主要目的的森林；

（三）以生产燃料和其他生物质能源为主要目的的森林；

（四）其他以发挥经济效益为主要目的的森林。

在保障生态安全的前提下，国家鼓励建设速生丰产、珍贵树种和大径级用材林，增加林木储备，保障木材供给安全。

第五十一条　商品林由林业经营者依法自主经营。在不破坏生态的前提下，可以采取集约化经营措施，合理利用森林、林木、林地，提高商品林经济效益。

第五十二条　在林地上修筑下列直接为林业生产经营服务的工程设施，符合国家有关部门规定的标准的，由县级以上人民政府林业主管部门批准，不需要办理建设用地审批手续；超出标准需要占用林地的，应当依法办理建设用地审批手续：

（一）培育、生产种子、苗木的设施；

（二）贮存种子、苗木、木材的设施；

（三）集材道、运材道、防火巡护道、森林步道；

（四）林业科研、科普教育设施；

（五）野生动植物保护、护林、林业有害生物防治、森林防火、木材检疫的设施；

（六）供水、供电、供热、供气、通讯基础设施；

（七）其他直接为林业生产服务的工程设施。

第五十三条　国有林业企业事业单位应当编制森林经营方案，明确森林培育和管护的经营措施，报县级以上人民政府林业主管部门批准后实施。重点林区的森林经营方案由国务院林业主管部门批准后实施。

国家支持、引导其他林业经营者编制森林经营方案。

编制森林经营方案的具体办法由国务院林业主管部门制定。

第五十四条　国家严格控制森林年采伐量。省、自治区、直辖市人民政府林业主管部门根据消耗量低于生长量和森林分类经营管理的原则，编制本行政区域的年采伐限额，经征求国务院林业主管部门意见，报本级人民政府批准后公布实施，并报国务院备案。重点林区的年采伐限额，由国务院林业主管部门编制，报国务院批准后公布实施。

第五十五条　采伐森林、林木应当遵守下列规定：

（一）公益林只能进行抚育、更新和低质低效林改造性质的采伐。但是，因科研或者实验、防治林业有害生物、建设护林防火设施、营造生物防火隔离带、遭受自然灾害等需要采伐的除外。

（二）商品林应当根据不同情况，采取不同采伐方式，严格控制皆伐面积，伐育同步规划实施。

（三）自然保护区的林木，禁止采伐。但是，因防治林业有害生物、森林防火、维护主要保护对象生存环境、遭受自然灾害等特殊情况必须采伐的和实验区的竹林除外。

省级以上人民政府林业主管部门应当根据前款规定，按照森林分类经营管理、保护优先、注重效率和效益等原则，制定相应的林木采伐技术规程。

第五十六条　采伐林地上的林木应当申请采伐许可证，并按照采伐许可证的规定进行采伐；采伐自然保护区以外的竹林，不需要申请采伐许可证，但应当符合林木采伐技术规程。

农村居民采伐自留地和房前屋后个人所有的零星林木，不需要申请采伐许可证。

非林地上的农田防护林、防风固沙林、护路林、护岸护堤林和城镇林木等的更新采伐，由有关主管部门按照有关规定管理。

采挖移植林木按照采伐林木管理。具体办法由国务院林业主管部门制定。

禁止伪造、变造、买卖、租借采伐许可证。

第五十七条　采伐许可证由县级以上人民政府林业主管部门核发。

县级以上人民政府林业主管部门应当采取措施，方便申请人办理采伐许可证。

农村居民采伐自留山和个人承包集体林地上的林木，由县级人民政府林业主管部门或者其委托的乡镇人民政府核发采伐许可证。

第五十八条　申请采伐许可证，应当提交有关采伐的地点、林种、树种、面积、蓄积、方式、更新措施和林木权属等内容的材料。超过省级以上人民政府林业主管部门规定面积或者蓄积量的，还应当提交伐区调查设计材料。

第五十九条　符合林木采伐技术规程的，审核发放采伐许可证的部门应当及时核发采伐许可证。但是，审核发放采伐许可证的部门不得超过年采伐限额发放采伐许可证。

第六十条　有下列情形之一的，不得核发采伐许可证：

（一）采伐封山育林期、封山育林区内的林木；

（二）上年度采伐后未按照规定完成更新造林任务；

（三）上年度发生重大滥伐案件、森林火灾或者林业有害生物灾害，未采取预防和改进措施；

（四）法律法规和国务院林业主管部门规定的禁止采伐的其他情形。

第六十一条　采伐林木的组织和个人应当按照有关规定完成更新造林。更新造林的面积不得少于采伐的面积，更新造林应当达到相关技术规程规定的标准。

第六十二条　国家通过贴息、林权收储担保补助等措施，鼓励和引导金融机构开展涉林抵押贷款、林农信用贷款等符合林业特点的信贷业务，扶持林权收储机构进行市场化收储担保。

第六十三条　国家支持发展森林保险。县级以上人民政府依法对森林保险提供保险费补贴。

第六十四条　林业经营者可以自愿申请森林认证，促进森林经营水平提高和可持续经营。

第六十五条　木材经营加工企业应当建立原料和产品出入库台账。任何单位和个人不得收购、加工、运输明知是盗伐、滥伐等非法来源的林木。

第七章　监督检查

第六十六条　县级以上人民政府林业主管部门依照本法规定，对森林资源的保护、修复、利用、更新等进行监督检查，依法查处破坏森林资源等违法行为。

第六十七条　县级以上人民政府林业主管部门履行森林资源保护监督检查职责，有权采取下列措施：

（一）进入生产经营场所进行现场检查；

（二）查阅、复制有关文件、资料，对可能被转移、销毁、隐匿或者篡改的文件、资料予以封存；

（三）查封、扣押有证据证明来源非法的林木以及从事破坏森林资源活动的工具、设备或者财物；

（四）查封与破坏森林资源活动有关的场所。

省级以上人民政府林业主管部门对森林资源保护发展工作不力、问题突出、群众反映强烈的地区，可以约谈所在地区县级以上地方人民政府及其有关部门主要负责人，要求其采取措施及时整改。约谈整改情况应当向社会公开。

第六十八条　破坏森林资源造成生态环境损害的，县级以上人民政府自然资源主管部门、林业主管部门可以依法向人民法院提起诉讼，对侵权人提出损害赔偿要求。

第六十九条　审计机关按照国家有关规定对国有森林资源资产进行审计监督。

第八章　法律责任

第七十条　县级以上人民政府林业主管部门或者其他有关国家机关未依照本法规定履行职责的，对直接负责的主管人员和其他直接责任人员依法给予处分。

依照本法规定应当作出行政处罚决定而未作出的，上级主管部门有权责令下级主管部门作出行政处罚决定或者直接给予行政处罚。

第七十一条　违反本法规定，侵害森林、林木、林地的所有者或者使用者的合法权益的，依法承担侵权责任。

第七十二条　违反本法规定，国有林业企业事业单位未履行保护培育森林资源义务、未编制森林经营方案或者未按照批准的森林经营方案开展森林经营活动的，由县级以上人民政府林业主管部门责令限期改正，对直接负责的主管人员和其他直接责任人员依法给予处分。

第七十三条　违反本法规定，未经县级以上人民政府林业主管部门审核同意，擅自改变林地用途的，由县级以上人民政府林业主管部门责令限期恢复植被和林业生产条件，可以处恢复植被和林业生产条件所需费用三倍以下的罚款。

虽经县级以上人民政府林业主管部门审核同意，但未办理建设用地审批手续擅自占用林地的，依照《中华人民共和国土地管理法》的有关规定处罚。

在临时使用的林地上修建永久性建筑物，或者临时使用林地期满后一年内未恢复植被或者林业生产条件的，依照本条第一款规定处罚。

第七十四条　违反本法规定，进行开垦、采石、采砂、采土或者其他活动，造成林木毁坏的，由县级以上人民政府林业主管部门责令停止违法行为，限期在原地或者异地补种毁坏株数一倍以上三倍以下的树木，可以处毁坏林木价值五倍以下的罚款；造成林地毁坏的，由县级以上人民政府林业主管部门责令停止违法行为，限期恢复植被和林业生产条件，可以处恢复植被和林业生产条件所需费用三倍以下的罚款。

违反本法规定，在幼林地砍柴、毁苗、放牧造成林木毁坏的，由县级以上人民政府林业主管部门责令停止违法行为，限期在原地或者异地补种毁坏株数一倍以上三倍以下的树木。

向林地排放重金属或者其他有毒有害物质含量超标的污水、污泥，以及可能造成林地污染的清淤底泥、尾矿、矿渣等的，依照《中华人民共和国土壤污染防治法》的有关规定处罚。

第七十五条　违反本法规定，擅自移动或者毁坏森林保护标志的，由县级以上人民政府林业主管部门恢复森林保护标志，所需费用由违法者承担。

第七十六条　盗伐林木的，由县级以上人民政府林业主管部门责令限期在原地或者异地补种盗伐株数一倍以上五倍以下的树木，并处盗伐林木价值五倍以上十倍以下的罚款。

滥伐林木的，由县级以上人民政府林业主管部门责令限期在原地或者异地补种滥伐株数一倍以上三倍以下的树木，可以处滥伐林木价值三倍以上五倍以下的罚款。

第七十七条　违反本法规定，伪造、变造、买卖、租借采伐许可证的，由县级以上人民政府林业主管部门没收证件和违法所得，并处违法所得一倍以上三倍以下的罚款；没有违法所得的，可以处二万元以下的罚款。

第七十八条　违反本法规定，收购、加工、运输明知是盗伐、滥伐等非法来源的林木的，由县级以上人民政府林业主管部门责令停止违法行为，没收违法收购、加工、运输的林木或者变卖所得，可以处违法收购、加工、运输林木价款三倍以下的罚款。

第七十九条　违反本法规定，未完成更新造林任务的，由县级以上人民政府林业主管部门责令限期完成；逾期未完成的，可以处未完成造林任务所需费用二倍以下的罚款；对直接负责的主管人员和其他直接责任人员，依法给予处分。

第八十条 违反本法规定，拒绝、阻碍县级以上人民政府林业主管部门依法实施监督检查的，可以处五万元以下的罚款，情节严重的，可以责令停产停业整顿。

第八十一条 违反本法规定，有下列情形之一的，由县级以上人民政府林业主管部门依法组织代为履行，代为履行所需费用由违法者承担：

（一）拒不恢复植被和林业生产条件，或者恢复植被和林业生产条件不符合国家有关规定；

（二）拒不补种树木，或者补种不符合国家有关规定。

恢复植被和林业生产条件、树木补种的标准，由省级以上人民政府林业主管部门制定。

第八十二条 公安机关按照国家有关规定，可以依法行使本法第七十四条第一款、第七十六条、第七十七条、第七十八条规定的行政处罚权。

违反本法规定，构成违反治安管理行为的，依法给予治安管理处罚；构成犯罪的，依法追究刑事责任。

第九章 附 则

第八十三条 本法下列用语的含义是：

（一）森林，包括乔木林、竹林和国家特别规定的灌木林。按照用途可以分为防护林、特种用途林、用材林、经济林和能源林。

（二）林木，包括树木和竹子。

（三）林地，是指县级以上人民政府规划确定的用于发展林业的土地。包括郁闭度0.2以上的乔木林地以及竹林地、灌木林地、疏林地、采伐迹地、火烧迹地、未成林造林地、苗圃地等。

第八十四条 本法自2020年7月1日起施行。

参考文献

[1]张岂凡,蒋学良.森林生态学[M].北京:中国林业出版社,1985.

[2]陈有民.园林树木学[M].北京:中国林业出版社,1990.

[3]唐学山,李雄,曹礼昆.园林设计[M].北京:中国林业出版社,1997.

[4]李洪远.环境生态学[M].北京:化学工业出版社,2018.

[5]贺学礼.植物学[M].北京:高等教育出版社,2004.

[6]赵华林.环境保护[M].北京:中国环境出版集团,2018.

[7]周炳炎.环境保护[M].北京:中国环境科学出版社,2012.

[8]郑顺安.环境科学[M].北京:中国环境出版社,2014.

图书出版申报表

填报日期：______年____月____日

<table>
<tr><td>书稿名称</td><td colspan="5"></td></tr>
<tr><td>作　　者</td><td colspan="3"></td><td>著作方式</td><td></td></tr>
<tr><td>单　　位</td><td colspan="3"></td><td>职务职称</td><td></td></tr>
<tr><td>联系地址</td><td colspan="3"></td><td>联系电话</td><td></td></tr>
<tr><td>字　　数</td><td>千</td><td>开本</td><td>开</td><td>发稿时间</td><td></td></tr>
<tr><td>页　　码</td><td></td><td>印数</td><td></td><td>出版时间</td><td></td></tr>
<tr><td>主要内容
（不少于 300 字）</td><td colspan="5"></td></tr>
<tr><td>读者对象</td><td colspan="5"></td></tr>
<tr><td>书稿特色</td><td colspan="5"></td></tr>
<tr><td>作者简介
（不少于 100 字）</td><td colspan="5">（含作者姓名、单位、职务职称及论文发表、著述等情况）</td></tr>
</table>

如有出版意向，请认真填写申报表并扫描或拍照成电子文件，与其他材料（作者身份证正反扫描件、书稿样章、书稿图片等）一起发至邮箱：776069590@qq.com 或直接与编辑（电话：13384030518）联系。